Papageiengeflüster
Geschichten aus der Vogelschule

Ann Castro

Papageiengeflüster

Geschichten aus der Vogelschule

Ann M. Castro

AdlA

Die Deutsche Bibliothek verzeichnet diese Publikation in der Deutschen Nationalbibliografie; detaillierte bibliografische Daten sind im Internet über http://dnb.ddb.de abrufbar.

Castro, Ann:
Papageiengeflüster. Geschichten aus der Vogelschule / Ann M. Castro.
1. PDF-Auflage – Hattersheim: AdlA Papageienhilfe gGmbH, 2011

Layout: Ann M. Castro
Umschlag: Ann M. Castro
Titelbild: Ann M. Castro
Lektorat: Thilo Hagen
Druckerei: Saarländische Druckerei & Verlag GmbH

Printed in Germany
Taschenbuch: ISBN 978-3-939770-28-2
PDF: ISBN 978-3-939770-29-9
epub: ISBN 978-3-939770-30-5

klimaneutral
natureOffice.com | DE-277-393100
gedruckt

FSC
www.fsc.org
MIX
Papier aus verantwortungsvollen Quellen
FSC® C013038

Dieses Buch ist all den Papageien gewidmet, die noch immer ihr Dasein alleine und ohne Partner in Käfigen fristen müssen.

Ich wünschte, ich könnte Euch allen helfen.

Die Protagonisten

Hector .... Graupapageienhahn

Lily ....Graupapageienhenne

Aladdine ....Agapornidenhenne

Jazz .... Agapornidenhahn

Nikita ....Gelbbrustarahenne

Jack .... Grünflügelarahahn

Inhalt

1. Vorwort

Auch ich habe mal mit der Papageienhaltung ganz klein angefangen. Nach Wellen- und Nymphensittichen während Kindheit und Jugend folgten viele papageienfreie Jahre, bis ich Anfang 2001, in New York lebend, meinen ersten Graupapagei, Hector, erstand. Im Juli desselben Jahres zog ich nach Deutschland zurück und wurde mit allerlei gesetzlichen Auflagen, den Mindestanforderungen für die Papageienhaltung, konfrontiert, ohne deren Erfüllung ich keine Importgenehmigung für Hector erhalten hätte.
Diese Mindestanforderungen sind den meisten deutschen Papageienhaltern bis heute gänzlich unbekannt, obwohl sie das Grundgerüst für die Papageienhaltung in Deutschland darstellen und als einer der Eckpfeiler für eine artgerechte Haltung von Papageien gelten. Zur Information habe ich eine Übersicht hierzu im Anhang für Euch beigefügt.
Gemäß dieses Gutachtens, musste ein Partnertier her. Kaum in Deutschland angekommen, meldete ich mich deshalb im damals größten deutschen Vogelforum an und begann mit der Partnersuche für Hector. Dabei unterhielt ich mich natürlich mit vielen anderen Papageienhaltern und war teilweise erschrocken darüber, wie wenig über Training und Gesundheitsmaßnahmen bei diesen wunderbaren Tieren bekannt

war. Nach und nach fing ich an, Aufklärungsarbeit bezüglich Verhalten, Clickertraining und später auch Gesundheit zu leisten. Daraus entstanden Jahre später meine Vogelschulebücher für Papageien, Sittiche und andere Vögel: Clickertraining, Mehr Clickertraining, Erste Hilfe und der Gesundheitspass. Mit zunehmendem Bekanntheitsgrad wurden mir auch weitere Tiere angetragen. So gründete ich die AdlA Papageienhilfe und baute eine große Flughalle, in der die Tiere ohne Käfige frei im Schwarm leben können.
Vor Kurzem stieß ich auf alle meine alten Forenbeiträge, die ich irgendwann mal abgespeichert hatte. Diese veröffentliche ich hier für alle, die gerne miterleben möchten, wie alles anfing. Ich hoffe, es wird Euch Spaß machen, mit mir in den Erinnerungen zu schwelgen, Freud und Leid noch einmal zu durchleben.

Liebe Grüße,

Ann.

P.S. Leider sind die Bilder, die mir aus dieser Zeit zur Verfügung stehen, nicht in der für eine Buchveröffentlichung erforderlichen Qualität. Damit Ihr Euch meine gefiederten Mitbewohner besser vorstellen könnt, habe ich die Bilder aber auf meine Webseite hochgeladen (www.annsworld.de).

2. Die Grauen

Die Auflagen zum Import von Hector, meinem Graupapagei, von den USA nach Deutschland besagten, dass er einen gleichartigen, aber gegengeschlechtlichen Partner bekommen müsse. Nach einiger Suche und Fehlberatungen fand ich dann auch einen Züchter, und hier beginnen meine Erzählungen:

23.07.2001

Also, am Samstag war es dann so weit. Hector und ich fuhren zum Züchter. Er hatte nur noch ein Mädel, so viel zum Thema aussuchen, aber wir haben es dann mit ihr probiert. Zuerst lief sie ihm hinterher – typisch moderne Frauen –, und er zeigte ihr die kalte Schulter. Versuchsweise haben sie sich dann auch angeschaut, einer auf meiner Schulter, der andere auf meinem Kopf. Da sie sich zumindest nicht spinnefeind waren, und der Züchter meinte, das wäre für den Anfang recht gut, habe ich Lily dann kurzerhand mit nach Hause genommen.

Hier, auf Heimatboden, lief es dann umgekehrt. Jetzt wollte Hector, aber Lily nicht mehr. Aus irgendeinem Grund will Hector auch ständig an ihren Zehen knabbern, was sie

absolut nicht leiden kann. Dafür überlässt er ihr immer sehr lieb sein Spielzeug, mit einer Engelsgeduld.
Das sieht dann so aus: Hector spielt mit dem rosa Holzstab. Den will Lily dann auch haben. Dann nimmt Hector stattdessen den gelben Holzstab. Das sieht Lily und findet den mit einem Mal viel interessanter und so weiter und so fort.
Heute sind sie zum ersten Mal ganz allein, während ich bei der Arbeit bin. Mal schauen, wie es sich zwischen den beiden dann im Laufe des Tages so weiterentwickelt.

Was absolut erstaunlich ist, sind die verschiedenen Charaktere. Hector ist eher unabhängig und kommt nur ab und zu angerückt, um gekrault zu werden. Und wenn er keine Lust hat, dann schleicht er sich eben. Wenn er müde ist, dann tapert er mit seinen kleinen Watschelbeinen davon ins Schlafzimmer und kriecht in seine Transportkiste, die er sich irgendwann einmal als Schlafstätte auserkoren hatte.
Lily habe ich zuerst versucht, zum Schlafen zu ihm dazuzugesellen. Dann setzte ich sie in einen abgedeckten Babykäfig, da er relativ klein und geborgen und dem Käfig, in dem sie beim Züchter saß ähnlich war. Das fand sie gar nicht cool. Sie flog aufs Bett und krabbelte aufs zweite Kopfkissen. Der Kompromiss war, dass ich dann noch ein olles Handtuch unterlegen durfte, weil so richtig dicht ist sie nicht. Sauglücklich hat sie die ganze Nacht durchgeschlafen, nachdem sie sich zum Einschlafen an meine Hand gekuschelt hatte. So richtig schön artgerecht, nicht wahr?

Aber ich denke, es wäre schlimm, sie zu irgendwas zu zwingen. Das verschreckt sie im neuen Heim nur. Ich hoffe, dass sie mit der Zeit größeres Interesse an Hector findet und auch etwas mutiger wird. Schlussendlich verbringt sie ja den größten Teil des Tages mit ihm und nicht mit mir.

Eigentlich hatte ich Violinenkonzert und Weichzeichner erwartet. Tagsüber sind die beiden in der Zimmervoliere, da sie schneller in Schwierigkeiten geraten als man „piep" sagen kann. Gerade gestern ist Lily auf einen Wäscheständer geflogen und dann so dumm zwischen die Schnüre gerutscht, dass sie sich alleine nicht befreien konnte. Hector hat indes eine Vorliebe für Elektrokabel entwickelt – so wunderbar schmackhaft. Ihr versteht?
Aber wenn ich zu Hause bin, laufen, hüpfen, fliegen sie frei herum, und ich immer hinterher, um sie zu bewachen. Jetzt mit zweien, bietet es sich sehr an, multiple Persönlichkeiten zu diesem Zwecke zu entwickeln.
Wegen des Namens: Lily ist halt ein schöner Name und passt so gut zu meiner Papageiin. Sie hat so riesengroße Augen, wie bei den Weibchen in Walt Disney Filmen.

24.07.2001

Die zarte Liebesgeschichte geht weiter. Nachdem die beiden gestern den ganzen Tag im Käfig zusammengesperrt waren, kann ich nicht behaupten, dass es so aussieht, als ob eine

wilde oder gar sordide Romanze im Gange sei. Aber heute Morgen ließ sich Lily problemlos zu Hector auf die Duschvorhangstange setzen. Da ich beide ans Duschen gewöhnen möchte, wenn auch nicht unbedingt mit der eigentlichen Dusche, da der Strahl, glaube ich, zu hart ist, gibt es jeden Morgen in der Dusche Party. Ich singe laut und lache mit ihnen herum, während ich sie immer wieder mit etwas Wasser bespritze, und das am frühen Morgen. Uff, das erfordert eiserne Disziplin. Anschließend habe ich sie immer wieder mit der Spritzflasche eingenebelt und sofort mit Erdnussbutter belohnt. Ich hatte, glaube ich, schon mal die unterschiedlichen Charaktere erwähnt?
Hector hat mittlerweile eine Technik perfektioniert, mit der er auf einen Schlag den halben Teelöffel Erdnussbutter mitnimmt, während Lily – bloß nicht den Schnabel verkleben, igitt! – ganz zierlich Mini-Häppchen herunternimmt. Das wirklich Komische war, dass Hector dann immer näher an sie heranrückte – zusammen Duschen ist halt doch schöner – und dann auch anfing ganz manierlich diese Mini-Häppchen zu essen. Hmmmmm.
Übernachtung war auch heute wieder streng sittlich getrennt. Also schauen wir mal, wie's weiter geht.

Vielleicht werde ich sie mal in die Wanne ganz ohne Wasser setzen, damit sie sich daran schon mal gewöhnen können. Unten rein würde ich natürlich viele köstliche Leckerlis legen! Man wird im Umgang mit den Kerlchen schon ganz schön listig. Übrigens neuer Teilerfolg zu berichten: Habe gerade mit meiner guten Fee – das Wort „Putzfrau" finde ich schrecklich, weil sie wirklich wie eine gute Fee mein Leben zusammenhält, wenn's im Job mal wieder drunter und drüber geht – gesprochen. Nach anfänglichem großen Argwohn, Samstag und gestern, hat Lily sich heute nicht nur von ihr anfassen, sondern sich sogar ausgiebig kraulen lassen. Das hat sie sicherlich Hector abgeguckt, der D. heiß und innig liebt. Leider spielen sie wohl immer noch einzeln im Käfig herum, statt wild zu knutschen – schade.

25.07.2001

Gestern Abend haben sie geknutscht, juchuh.
Es blieb ihnen auch nichts anderes übrig, da sie beide auf meine linke Schulter wollten, und ich eben nicht gerade wie Mark Spitz gebaut bin. Bei der darauffolgenden Annäherung haben sie dann miteinander geschnäbelt. Es hätte allerdings auch „Mundraub" sein können, da sie beide noch Erdnussbutter von unserer Trainingssession an den Schnäbeln kleben hatten, hmmmmm. Hab nämlich schön Clickertraining mit beiden gestern Abend und heute Morgen gemacht. Zunächst waren sie eher unmotiviert. Aber dann lief die Sache, und wie!
Heute Morgen weckte Lily mich, weil sie Durst hatte. Sie hat da eine sehr spezifische Art, das zu zeigen: Betteln – Finger anstubsen – Betteln usw. Es war schon zehn vor sechs und um sechs geht ohnehin der Wecker, also habe ich mich erweichen lassen. Ja, ja, ich weiß, die Disziplin, aber sie ist

ja noch sooo klein. Wir haben die Zeit dann genutzt, um im Wohnzimmer ein bisschen Von-der-Schulter-auf-die-Hand-laufen zu üben. Arme sind bei ihr kein Problem, aber sie hat tierische (hö, ach was) Manschetten vor Händen und Fingern. Eine halbe Stunde später kam dann Hector schlaftrunken angewatschelt, der wohl von unserem Lärm geweckt wurde. Er ist der totale Lang- und Vielschläfer. Während Lily und ich gestern noch vorm Fernseher kuschelten, ist er längst in seine Kiste gewackelt. Da professioneller Neid nicht schaden kann, habe ich dann direkt mit ihm Auf-den-Finger-steigen geübt.
Also hat wieder ein Vogeltag begonnen. Geduscht haben wir auch. Heute wurde zweimal gespritzt ehe es ein Leckerli gab, man muss sich ja steigern.

27.07.2001

Ich würde eher sagen, die Vögel und ich erziehen uns gegenseitig. Wir lernen beide, das zu machen, was funktioniert, um den anderen dazu zu bewegen, das zu machen, was wir wollen. Soll heißen, die Vögel bieten mir ein Verhalten an. Wenn es mir gefällt, wird geclickt und belohnt. Die Sachen die belohnt werden, machen die Vögel immer öfter. Wenn sie ein Leckerli wollen, wissen sie auch recht genau, was sie machen müssen, um von mir eine Reaktion zu bekommen. Lily hat jetzt nach einer Woche gelernt, dass Rumschreien rein gar nichts bringt. Ich hätte nie gedacht, dass solche Laute aus so einem kleinen Vogel rauskommen können. Es hat ihr sicherlich geholfen zu sehen, dass Hector immer ganz viel Aufmerksamkeit und Lob bekam, wenn er lieb gesungen oder diese gurgeligen Babygeräusche, Vorstufe zum Sprechen, hoffe ich, gemacht hat.

Die Dinge entwickeln sich weiter: Gestern haben die beiden definitiv geschmust! Und heute Morgen hat Hector auf der Duschstange – leider war ich so schlaftrunken, dass ich vollkommen vergessen habe, die Vögel einzusprühen – bei Lily Federpflege gemacht. Das hat Lily dann anschließend auch bei mir versucht. Das Konzept, Haare noch am Kopf festgewachsen, hat sie noch nicht verinnerlicht. Aua!
Ach ja und gestern ist sie, die Handscheue, mir gleich zweimal auf die Finger gestiegen. Einmal davon sogar zum bequemeren Transport. Das hat sie von Hector, dem faulen Sack! Das macht er nämlich auch immer. Ist ja auch eine entspanntere Art zu reisen, als zu fliegen oder – um Himmels willen! – hochzukrabbeln. Er hockt sich dann am Boden vor mich oder auf dem Sofa zu mir hin und blickt mich und den Zielort abwechselnd erwartungsvoll an. Dann hebe ich ihn auf und trage ihn hin, wohin er möchte. Gelobt wird er dabei auch noch. Wie gesagt, die Frage ist hier, wer erzieht wen?
Da mir der Kampf ums Kopfkissen zu mühsam wurde, habe ich gestern auch noch eine Transportbox für Lily gekauft. Hector hat sich seine schon ganz am Anfang als Lieblingsschlafplatz ausgesucht. Lily dachte allerdings, das wäre ein tolles Klo und tummelte sich anschließend wieder auf

meinem Kopfkissen. Ihr die Box als Schlafstätte schmackhaft zu machen, ist, glaube ich, mittlerweile das wichtigste Thema auf dem Trainingsplan geworden. Lily denkt nämlich, dass mein Kopfkissen mit Zimmerservice kommt: „Habe Hunger", „Habe Durst", „Schläfst Du schon?", „Schläfst Du noch?". Ich bin mittlerweile so müde, dass ich kaum noch geradeaus gucken kann! In diesem Sinne freue ich mich aufs Wochenende, an dem ich bestimmt die eine oder andere Nachhol-Siesta halten werde.

Zeit ist relativ. Ich bin Investment-Banker. Du kannst Dir also vorstellen, wie meine Tage aussehen. Aber ich stehe halt um sechs Uhr auf und die Vögel schlafen tagsüber weiter. Früher habe ich morgens gelesen, im Internet gesurft etc., um trotz langer Arbeitstage noch ein bisschen Privatzeit zu haben.
Das habe ich jetzt erst mal aufgegeben und mache stattdessen Papageientraining. Die Übungseinheiten sind sehr kurz, jeweils circa fünf Minuten. Eine längere Aufmerksamkeitsspanne haben die beiden ohnehin nicht. Je fünf Minuten zweimal am Tag kann man schon hinkriegen. Das Schwierigste und Frustrierendste, bis man raus hat wie es geht, ist tatsächlich der Anfang.
Mit dem Wildfang ist es natürlich ein größeres Problem. Aber ich habe ein Clickertraining-Video gesehen, in dem sie einen Fisch im Aquarium mit Lichtsignalen statt Clicker dazu gebracht haben, einem Stäbchen draußen am Aquarium

zu folgen. Sah schon ganz schön komisch aus. Mehr braucht man dazu, glaube ich, nicht zu sagen. Die Intelligenz und Zahmheit eines Fisches hat Dein Papagei doch sicherlich auch, oder?
Es ist völlig irre, was die mit diesem Clickertraining in den Tierparks in Amerika machen. Das Clickertraining kommt eigentlich aus dem Delfin-Training. Wie willst Du einen Delfin festhalten oder bestrafen? Es funktioniert einfach nicht. Also kannst Du sie nur positiv verstärken, wenn sie was Richtiges machen.
Mittlerweile wird das Clickertraining sogar für Iguanas und Eisbären angewendet. Bei Letzteren mit Rosinen als Belohnung. Ist das nicht lachhaft? Man stelle sich den riesigen Eisbären mit einer Rosine vor. Und wer kommt nah genug ran, um ihm die Rosine zu geben? Ich jedenfalls nicht.
Genug des Vortrags. Ich bin halt so begeistert davon, wie einfach es ist, und wollte hier auch nicht den Anschein erwecken, als ob ich die Wunder-Papageien-Dompteuse bin. Das Einzige, das ich schwierig finde – und das ist eben persönlichkeitsabhängig –, ist, genügend Geduld aufzubringen, da Du mit dem arbeiten musst, das der Vogel Dir an Verhalten anbietet.
Also wenn Du heute Köpfchen schütteln üben wolltest und der Vogel stattdessen die Flügel hebt, dann übst Du halt das. Vorausgesetzt, es ist etwas, was Du ihm ohnehin beibringen möchtest. Schreien als Beispiel für Negativverhalten wird grundsätzlich in keiner Weise belohnt sondern nur ignoriert, da auch negative Aufmerksamkeit vom Vogel als Belohnung angesehen werden könnte; perverse kleine Dingerchen.

28.07.2001

Merci vielmals! Ja, ich meine auch, dass Trainieren das kleinere Übel ist. Klar habe ich manchmal keine Lust dazu. Aber noch weniger Lust hätte ich auf Vögel, die mich ständig nerven und denen ich morgens erst einmal eine halbe Stunde hinterherjagen muss, um sie in den Käfig zu bekommen. Es ist ein Luxus, Vögel zu zweit zu betreuen. Vielleicht kann einer von Euch morgens mit ihm üben und der andere abends?
Habe Lily übrigens gestern Abend in ihre Schlafbox bekommen mit viel Lob und Leckerli. Allerdings stand dann die Box auch auf dem zweiten Kopfkissen. Hector fand das wiederum so spannend, dass er seine Box verließ und sich zu Lily dazugesellte. Das wurde dann sehr gemütlich <grins>. Die neue Gemütlichkeit hat Lily auch nicht dran gehindert, Hector und mich um zehn vor sechs zu wecken, ughgh. Hoffentlich wird das nicht zur Gewohnheit!

Bitte, ich beknie Dich, mach das Fenster nicht auf!!! Das ist doch genau der Punkt mit diesem Training, dass man es gerade mit wilden Tieren macht. Es gibt da ein Buch von Karen Pryor, das so etwas wie die Bibel in diesem Bereich ist. Es heißt „Don't shoot the dog". Soweit ich weiß, kann man es mittlerweile auch in Deutschland kaufen. In diesem Buch schildert sie, wie Delfine und sogar Krabben (unglaublich, oder?) damit trainiert wurden.

Bevor Du Deinen Vogel weggibst, gib ihn zu mir, und ich schau mal, was ich mit ihm anstellen kann. Lily kam ja auch bös schreiend – sie saß mit Amazonen zusammen und ich dachte, mir platzt mein Trommelfell – zu mir und hat es sich innerhalb einer Woche abgewöhnt. So schnell wird es mit Deinem wahrscheinlich nicht gehen, da er älter ist und es sich wahrscheinlich mittlerweile ziemlich festgesetzt hat. Aber ich bin überzeugt davon, dass man es verbessern kann. Also, bitte, bitte gib ihm eine Chance!!!

31.07.2001

Versuche seit gestern, Hector die Farbe rot anhand eines Spielzeugautos von Ikea beizubringen. Bisher ist diese Aufführung noch alles andere als zirkusreif. Mit Lily trainiere ich immer noch Von-der-Schulter-auf-die-Hand-Übungen. Sie läuft den ganzen Arm bis zum Handgelenk, obwohl das eine rechte Wackelpartie ist, recht geschwind runter, aber vor der Hand zögert sie noch immer merklich. Dafür hatte ich heute Morgen einen Riesen-Duschdurchbruch! Yippieeee!

Ich hatte Euch ja erzählt, dass ich ihnen das Duschen mit Spritzflasche und Erdnussbutter beibringe. Auch so heute Morgen, nur – große Überraschung - dass Lily sich heute aufplusterte und die Duschvorhangstange entlang auf die Spritzflasche zulief. Huch? Also war sie schon eh recht feucht.

Dann hat die Kleine irgendwie so blöd rumgeturnt, dass sie von der Stange gefallen ist. Ich habe sie im freien Fall

Richtung Badewanne wieder aufgefangen und wollte sie eigentlich wieder hoch setzen. Da sie aber so gar nicht panisch auf meiner Hand hockte – ich stand die ganze Zeit unter der Dusche mit laufendem Wasser – habe ich sie etwas an den Duschstrahl herangehalten. Dabei hat sie nach dem Wasser geschnappt aber überhaupt keine Angst gezeigt.
Daraufhin habe ich meine andere Hand in den Duschstrahl gehalten, sodass sie nassgespritzt wurde. Da hat sie dann richtig geduscht, ist herumgehüpft, hat sich gedreht und gewendet, sich aufgeplustert und mit den Flügeln geschlagen, bis sie klitschnass war. Total süß. Anschließend habe ich sie wieder hochgesetzt. Das wirklich Komische war, dass Hector, der ja noch immer vor allem, was nach Wasser aussieht, davonläuft, das alles beobachtet hat und auf einmal auch runter wollte. Da ich ja seine Angst kenne, habe ich dann mit ihm die stark verkürzte, mildere Variante gemacht, die er auch gut überstand. Dann habe ich ihn wieder hochgesetzt.
Das wirklich Verblüffende ist, dass er anschließend direkt wieder runter wollte, sodass ich jetzt zwei nasse, aber glückliche Vögel neben mir sitzen habe. Insbesondere Lily sieht aus wie eine ersoffene Katze. <grins>

Lily ist ja erst zwei Wochen bei mir, also hat das, glaube ich, eher mit mangelnder Wasserscheu zu tun. Mit Hector übe ich allerdings mittlerweile schon seit zweieinhalb Monaten das Duschen. Ich hatte eigentlich schon meine Hoffnung aufgegeben, dass es ihm jemals Spaß machen würde. Bin schon ganz gespannt, wie es morgen ablaufen wird. Neid ist wirklich ein toller Motivator!!! Wenn ich jetzt Lily auch noch dazu bringen könnte, mich nicht als Luxusklo zu betrachten – das hat wiederum Hector viel schneller begriffen; so hat halt jeder seine Vor- und Nachteile – wäre ich restlos glücklich.

War übrigens vorgestern Abend beim Tierarzt wegen Durchchecken und Geschlechtstest, ich bin ja soooo gespannt. Hoffentlich muss ich sie nicht umtaufen. Jedenfalls sagte der Tierarzt, dass dieses affenheiße (mein Wort, nicht seins) Wetter bestens dazu geeignet sei, badescheuen Vögeln einen Motivationsschub zu geben. Also, an Euch alle mit Nichtbadenden, jetzt ist die Zeit, es noch mal zu probieren!!!! <grins>.

03.08.2001

Bin heute nicht so gut drauf, da ich einen horrormäßigen Morgen hatte. Alles fing so nett an, wie in einem Horrorfilm üblich. Nachdem beide Vögel auf der Duschvorhangstange waren, bin ich dann auch in die Dusche. Lily wollte so schnell ins Wasser, dass sie schon ganz ungeduldig rumorte, während ich die Wassertemperatur adjustierte. Ja, sie ist eine Warmduscherin <grins>, mit kaltem Wasser braucht man ihr gar nicht erst zu kommen.

Dann sprang sie in die Fluten in Form von drei Zentimeter Wasser in der Badewanne. Jedes Mal wenn ich versuchte sie rauszuholen, surfte sie mit einem Köpper wieder rein. Zwischendurch schnappte sie nach allem, was es da an ablaufendem Wasser gab, von mir und der Badewannenauflage. Selbst der harte Duschstrahl schreckte sie nicht mehr ab. Es war wirklich zu komisch. Habe mich schier weggeworfen vor Lachen. Irgendwann habe ich sie dann herausgefischt und triefnass oben auf die Stange gesetzt, auf der sie schön mit den Flügeln schlug und sich wie ein nasser Hund schüttelte, wobei dann auch Hector, der das Ganze recht misstrauisch von oben beäugte – er hat heute Morgen nur die Spritzflasche toleriert, runter zum Plantschen wollte er nicht, ordentlich Wasser abbekam. Sekundärdusche, sozusagen.
Anschließend machte ich also meine Morgen-Routine, Obst, Gemüse schnippeln usw. Irgendwann flog Hector dann wie jeden Morgen, von der Stange. Als ich dann soweit war, um die beiden zum Frühstück zu holen, habe ich mit einem Riesenschreck mehrere große Blutstropfen auf dem Badezimmerboden wahrgenommen, und das Blut tropfte weiter von Hectors Schnabel. Der muss beim Landen bös aufgeschlagen sein. Schadensinspektion war auch schwierig, weil er sich natürlich nicht an seinen ramponierten Schnabel fassen lassen wollte. Muss ihm höllisch wehgetan haben. Das Blut habe ich dann ganz vorsichtig mit etwas Wasser abgespült. Es hat dann Gott sei Dank auch recht schnell zu bluten aufgehört. Ich habe ihn dann erst mal in seinen Käfig auf die Stange gesetzt. Leckereien fand

er dann zwar interessant, aber es war sehr deutlich, dass er mit seinem Schnabel nirgends drangehen wollte, nicht mal an den guten Hipp-Babybrei, der Arme.
Dann habe ich meinen Tierarzt angerufen, der nicht da war. Dann die Tierklinik, wo zwar jemand dranging, aber die Vogelspezialistin war auch dort nicht da. Netterweise haben sie mir deren Telefonnummern gegeben, aber sie ist unter keiner Nummer drangegangen. Daraufhin hat die Tierklinik mir die Nummer von der Uniklinik in Gießen gegeben, wo auch keiner dranging. Acht Uhr morgens in Deutschland eben (ohne Knoppers).
Zum Schluss habe ich den Ehemann einer Tierärztin erreicht, die Forenkollegin Andrea mir empfohlen hatte. Der ist zwar kein Vogelspezialist, aber doch zumindest auch Tierarzt. Mittlerweile war Hector immer schweigsamer geworden und er nickte ständig ein. Naja und ich, ganz uncool, war den Tränen nahe.
Dieser Tierarzt hat dann gesagt, dass er den Verdacht auf eine Gehirnerschütterung habe und ich solle ihn abgedunkelt in einen separaten Käfig setzen, damit er heute wirklich ruhig ist und keinen Stress hat.
Zwei Stunden später habe ich dann auch mit seiner Frau gesprochen, die das bestätigte. Nachher werde ich zu ihnen rausfahren. Also rund eine Stunde am Freitagnachmittag in die Pampa gurken. Hoffentlich bleibe ich nicht im Stau stecken. Sie will sich den Vogel mal anschauen. Eventuell muss er auch geröntgt werden. Ihr könnt Euch gar nicht vorstellen, wie schwer es mir fiel, ihn daheim zu lassen und zur Arbeit zu gehen. Hoffentlich ist er okay, wenn ich gleich

nach Hause komme. Aber der Tierarzt sagte, dass ich ihn auf keinen Fall zur Arbeit mitnehmen solle. Dies sei zu stressig. Das Beste für ihn wäre, ihn jetzt erst einmal in Ruhe zu lassen. Nicht so ein toller Auftakt fürs Wochenende. Aber ich glaube es zeigt, wie wichtig es ist, mehrere Notfallnummern zur Hand zu haben. Das war wirklich nicht schön heute Morgen. Ich werde mir jetzt wohl auch noch ein Fachbuch zu dem Thema Vogelnotfallhilfe kaufen, das Forenkollegin Tika mir empfohlen hat. Drückt Hector und mir bitte die Daumen, dass alles gut geht.

Vielen Dank für Eure guten Wünsche. Es hilft zu wissen, dass da jemand mit Daumen drückt. Hector geht es nicht so gut. Er hat tatsächlich eine Gehirnerschütterung. Außerdem hat er den ganzen Tag nicht gefressen oder getrunken. Das ist bei diesem heißen Wetter und ausgerechnet bei einem so jungen Papagei besonders gefährlich. Die Tierärztin hat ihn erst einmal zur Beobachtung dabehalten und auch um ihn wieder richtig zu hydrieren <seufz>. Nicht so schön, aber ich glaube, dass er bei ihr in guten Händen ist. Morgen mittag soll ich sie nochmal anrufen, um zu schauen, wie es dann weitergeht. Ich halte Euch auf dem Laufenden.

04.08.2001

Habe vorhin mit der Tierärztin telefoniert. Hector geht es immer noch nicht so gut. Sie wird ihn voraussichtlich bis

Montagabend bei sich behalten <schluchz>. Wir telefonieren morgen wieder miteinander. Also bitte seid so lieb und drückt weiter Daumen. Es ist, abgesehen von seinem Brummschädel, auch so recht schade für ihn, dass er nicht hier ist, weil ich am Wochenende mal endlich richtig viel Zeit (Quality time) für die beiden habe. Das verpasst er jetzt alles. Lily benimmt sich auch ziemlich bedrückt. Das wird ein ziemlich blödes Wochenende, fürchte ich. Dann war ich auch im Heimwerkermarkt; in zweien genaugenommen. Fazit: In Deutschland gibt es keine kleinen PVC-Rohre zum Vogelzeugsbasteln. Stattdessen habe ich Sonnenschirmtischklemmen gekauft und damit soeben ein Stück Obstbaum aus dem Garten meiner Eltern, also ungespritzt, an meinem Arbeitstisch festgemacht. Jetzt kann Lily, während ich am Computer kruschtele, an dem herumturnen statt auf meiner Schulter, wo sie heute Morgen eingehend Feder und Ohrpflege an mir betrieben hat. So sauber und gepflegt war ich noch nie – zumindest aus Vogelperspektive. <grins>
Außerdem habe ich eine Balkonkastenaufhängevorrichtung (uff, ein laaaanges Wort) gekauft und werde daraus einen Autositz für die beiden basteln. Es geht auch ohne PVC und ist vermutlich sogar stabiler.
Damit sie nicht so einsam ist, durfte Lily dann letzte Nacht auch wieder zu mir aufs Kopfkissen. Sie hat sage und schreibe bis sechs Uhr durchgeschlafen. Sie lernt es, endlich, hurraaaaah!!! Dann hatte sie Hunger und ist anschließend unter die Bettdecke gekrochen, hat sich an meinen Bauch gekuschelt und ließ sich kraulen. Danach gab‘s dann ein Bad. Ich glaube, sie präferiert allerdings die

Dusche-Bad-Kombination, da sie heute bei dem reinen Bad mit sehr viel weniger Gusto zu Werke ging. Im Anschluss gab es etwas Training. Habe ihr den Harness über den Kopf und ein bisschen unter die Flügel ziehen können. Das haben wir ein paarmal durchexerziert. Bald können wir zusammen spazieren gehen. Ja, so also fing unser Morgen an.

05.08.2001

Habe soeben Hector vom Tierarzt abgeholt. Mann, hat der sich gefreut, uns zu sehen. Auf der ganzen 45-minütigen Fahrt zurück hat er mit mir Rede und Antwort gequiekt, als ob er sich versichern wollte, dass ich auch wirklich da bin und alles in Ordnung ist. Zu Hause hat er sich erst einmal den Bauch vollgeschlagen und sich rundherum verwöhnen lassen. Das hat der arme Kerl aber auch verdient. Vielen Dank an Euch alle, die sich mitgesorgt und die Daumen plattgedrückt haben.
Zu Eurer Frage: Falls Eure Vögel beim Clickertraining Angst vor dem Clicker haben, kann man diesen zunächst dämpfen indem man in der Hosentasche klickt oder eventuell sogar von einem Freiwilligen aus dem Nebenzimmer klicken lässt, der Euch spätesten dann für verrückt erklären wird, wenn er nicht mindestens ebenso an dem Vogel hängt wie Ihr.

06.08.2001

Merci vielmals! Ja, Geduld kann ich wirklich brauchen! Hector ist also glücklich wieder zu Hause und hat sich erst

mal so richtig den Bauch vollgeschlagen. Es scheint also auch dem ramponierten Schnabel wieder gut zu gehen. Interessanterweise möchte er jetzt auch wieder Babybrei am Abend und am Morgen haben. Das gehörte in der Zeit vor Lily zu unserem Abendritual als „Betthupferl". Als Lily dann kam, wollte Hector keinen Brei mehr – Lily schon. Ich denke mal, das ist seine Art zu äußern, dass er nach dem überstandenen Trauma jetzt erst einmal seelisch und physisch gekuschelt werden möchte. Das ist ja verständlich.
Eine Notiz am Rande: Ich hatte immer die Befürchtung, dass Hector zu fett ist. Aber er wurde von der Tierärztin mit einem begeisterten „Ist das ein Prachtexemplar"-Aufschrei begrüßt, sodass er jetzt ungehindert weiterfressen darf. Schön war auch, dass mir bescheinigt wurde, dass beide sehr gut und ausgewogen ernährt sind und keine Vitamine oder Ähnliches zusätzlich benötigen. Hat sich also der Riesen-Koch- und Einfrieraufwand gelohnt. <phew – Schweiß von der Stirn wisch>

Eigentlich hatte ich gehofft, einen tierlieben Teenager zum Tier- und Haushüten zu finden. Frühmorgens rüberfahren, damit Lily pünktlich kurz nach sechs ihren Brei bekommt, möchte ich wirklich keinen noch so guten Freunden zumuten. Auch abends haben wir ja ziemliches Program, weil ich mich nach der Arbeit doch recht intensiv mit den beiden beschäftige. Meine „gute Fee" hat sich

ja dafür angeboten, aber was ist wenn sie mal nicht kann. Wer selbst Tiere hat, wird kaum bei mir zum „Housesitter“ werden können, da er ja selber Verpflichtungen hat. Heute übrigens großer Trainingsdurchbruch bei Hector: Seit fast drei Wochen üben wir „Rolle vorwärts”. Bis gestern hatte er es drei Viertel um die Stange geschafft, aber nicht weiter. Heute Morgen rollte er auf einmal ganz von selbst um die Stange. Ich war so begeistert, dass ich ihm eine ganze Handvoll Leckerlis gegeben habe. Das hat ihn dann so begeistert, dass er das Kunststück direkt noch ein paarmal wiederholte.
Außerdem hat der alte Racker jetzt angefangen, mich zu „clicken”, wenn ich eeeendlich mal was richtig mache <grins>. Es ist zu komisch. Zum Beispiel wenn er schlafen geht, hat der kleine Buchhalter ganz genaue Vorstellungen, wie er alles haben will: Licht aus im Schlafzimmer oder Schlafboxtüre zu oder das Handtuch bitte noch zwei Zentimeter weiter runterziehen. Jaja, er ist halt ziemlich verwöhnt. Er tapert dann immer wieder vom Schlafzimmer ins Wohnzimmer, à la Lassie, bis ich ihm folge und den Fehlstand erfolgreich korrigiert habe. Ein ziemliches Rumgerate. Letztens habe ich dann auch wieder Mehrfaches ausprobiert, bis ich endlich darauf kam, den Vernebler auszuschalten. Da hat er mich tatsächlich geclickt.
Das ist doch ein Brüller. Sprechen kann er noch nicht, aber dafür den Clicker naturgetreu nachahmen. Mittlerweile clickt er mich auch für das richtige Leckerli. Woher sollte ich denn wissen, dass das Genuschel „Pinie” heißen sollte??? Stellt sich die Frage, wer hier wen erzieht. <smile>

10.09.2001

Okay. Das war‘s. Die Vögel bekommen die Wohnung und ich ziehe unter die nächste Brücke. Mal im Ernst: Habe gerade eine Riesennotiz an meine Putzfrau geschrieben. Sie liebt meine Vögel, aber denkt nicht immer richtig mit. So „erwischte" ich sie vor einiger Zeit mit beiden Vögeln außerhalb der Voliere, was an sich in Ordnung ist, aber mit einem nur angelehnten Fenster. Sie habe halt nicht bemerkt, dass es nicht richtig zu war, und das könne ja mal passieren, sagte sie. Dann habe ich ihr eindringlich gesagt, sie müsse alle Fenster und Türen überprüfen, ehe sie den Käfig aufmacht.
Dann, vor Kurzem, kreuchten die beiden beim Bügeln um sie herum. Da habe ich dann fast einen Schreikrampf bekommen. Und diese Frau liebt Tiere und will alles richtig machen. Wie gedankenlos sind dann wohlmöglich erst Leute, denen die Tiere egal sind?
Was ich damit sagen will? Bedenkt bei der Risikoeingrenzung, wen ihr noch alles informieren oder anweisen müsst, um Unfälle zu vermeiden, die ja leider furchtbar schnell geschehen können.

3. Die Agaporniden

15.09.2001

Bin heute beim Einkaufen im Zooladen vorbeigekommen. Bei den Unzertrennlichen saß so ein kleiner blauer auf dem Boden und suchte zwischen den Sägespänen nach was zu fressen. Er sah auch ganz zerfleddert aus. Dann krabbelte er am Volierendraht hoch und versuchte zur Futterschale zu kommen. Dort wurde er sofort durch Hacken von den anderen Vögeln vertrieben und fiel wieder herunter auf den Boden.

Das habe ich dann einer der Angestellten gesagt, die auch – ganz klasse – sofort eine extra Futter und Wasserschale auf den Volierenboden stellte. Er ist dann sofort da hingelaufen. Fliegen kann er scheinbar nicht mehr. Die anderen Vögel sind halt leider auch dorthin, und das Ganze ging wieder los. Ich habe ihr gesagt, dass das so vollkommen zwecklos wäre. Sie schaute mich dann an und fragte: „Wollen Sie ihn haben?". Höhhh??? Wie konnte ich dazu „nein" sagen???

Also habe ich ihn umsonst bekommen. Ich habe dann noch einen Zweiten, Grünen dazugekauft. Er hockte mit ihm

zusammen am Boden. Es gab Anzeichen, dass es ihm anfing ähnlich zu ergehen, wie dem Blauen. Außerdem ginge es ohnehin nicht, den Blauen alleine zu halten.
Zuhause angekommen, habe ich beide erst mal in Hectors Babykäfig gesteckt. Der kleine Blaue hat dann von 16 bis 21 Uhr, als ich den Käfig zudeckte, ununterbrochen in der Futterschale gesessen (wortwörtlich) und heute Morgen wieder. Heute kann er auch wieder fliegen. Er war wohl gestern zu schwach. Erst seit Donnerstag war er in dem Zooladen. In dem Zustand, in dem er war, glaube ich, dass er seither wohl nicht mehr viel zu fressen abbekommen hat, der Arme!
Zwischendurch habe ich ihn mal mit der Hand gefangen, weil ich versuchen wollte ihm Babybrei zu geben. Sind die klein im Vergleich zu meinen beiden Grauen. Seine Bisse waren wie ein bisschen Kitzeln – wie süß! Diese Aktion war leider gänzlich erfolglos. Dafür hatte er anschließend eine wunderschöne Komplettkopfbabybreimaske.
Ich habe ihn natürlich dabei auch noch etwas genauer begutachtet und musste feststellen, dass er leider ganz schön zugerichtet war. Nicht nur ziemlich zerrupft und am Hinterkopf schon kahl, er hat auch deutliche blutverschorfte Stellen am Kopf. Die anderen haben ihn ganz schön fertiggemacht! Ansonsten sind beide heute Nachmittag erst mal ausgebüchst und in der Wohnung rumgesaust, wobei ich ganz schön Angst hatte, dass meine Grauen anfangen würden, ihr Territorium zu verteidigen. Ist aber alles gut gegangen. Die Kleinen sind ja ganz wild. Deutsche Nachzucht zwar, aber komplett von den Eltern aufgezogen. Ganz schön befriedigend, dass die beiden statt so weit wie möglich von mir wegzufliegen auf

dem Sofatisch und auf dem Sitz neben mir gelandet sind. Schade ist, dass die beiden wohl nur auf Samenbasis gefüttert wurden. Obst, Gemüse, Papageienmenü oder Babybrei – alles Sachen, die meine Grauen gerne fressen – erkennen die beiden noch nicht einmal als Futter. Als ich dann größere Obst und Gemüsestücke in den Käfig legte, haben die beiden diese dann zwar als tolle Sitzgelegenheiten akzeptiert, aber noch nicht einmal versuchsweise angeknabbert.

16.09.2001

Ich hatte ja geschrieben, dass ich die beiden erst mal in den Babykäfig von meinem Graupapageien gesteckt habe. Nun, es hat genau 24 Stunden gedauert, bis sie rausbekommen haben, dass sie durch die Gitterstäbe hindurchpassen. Schön gemütlich habe ich den Käfig zum Schlafen abgedeckt, und auf einmal schwirrt der Grüne durch die Wohnung. Nanu? Tür war aber zu. Seltsam. Oh. Na Klasse.
Jetzt werde ich wohl erst mal einen anderen Käfig organisieren müssen. Scheinbar mögen die Kleinen abgedeckte Käfige nicht. Man lernt jeden Tag dazu.
Jetzt sitzen sie gemütlich, einer oben auf dem Käfig, der andere im Kletterbaum meiner Grauen. Von denen ist Hector bereits in seine Schlafbox neben dem Bett gekrabbelt, während Lily neben mir auf dem Sofa sitzt. Bei einer kleinen Flugfehlorientierung eben saß die kleine Grüne auf einmal Nase an Nase mit Lily auf dem Sofa. Da habe ich erst mal ordentlich die Luft angehalten. Es ist aber glücklicherweise nichts passiert. Ich glaube, das wird noch spannend.

17.09.2001

Danke für das Bild. So sieht Aladdin aus! Das andere ist wohl auch ein Schwarzköpfchen mit rotem Schnabel, ansonsten grün und aprikosenfarbener Brust. Ebenfalls weiße Augenringe. Am Hinterkopf kann man sehr deutlich sehen, dass er attackiert wurde. Abgesehen davon, konnte ich es ja in der Zoohandlung beobachten. Er hat nicht nur kahle Stellen, sondern auch teilweise gerupfte Federn und vor allem blutige Stellen. Die allgemeine Schwäche, die auf eine Erkrankung hinweisen könnte, ist erheblich verbessert, nachdem er jetzt zwei Tage intensiv fressen konnte. Seit gestern fliegt er auch wieder. Es geht ihm sichtlich besser, von seiner Munterkeit und Aufmerksamkeit zu schließen.
Die mangelnden Quarantänemöglichkeiten bei mir sind natürlich ein Grund zur Besorgnis. Ideal ist das alles nicht. Deswegen nehme ich auch direkt alle vier mit zur Tierärztin und lasse dort entsprechende Tests machen, außerdem ist der Winter-Check-up jetzt eh dran.
Ein Tierarzt hier in Frankfurt hat mir gesagt, dass die hier in der Gegend sehr rabiat mit Chlamydien-Verdacht umgehen. Als ich meine kleine Graue vom Züchter heimbrachte, wollte ich sie komplett durchchecken lassen, auf „Alles" sozusagen. Er hat mir davon abgeraten. Er sagte, dass ein Chlamydien-Test bei uns in der Gegend einen sofortigen Besuch des Amtstierarztes und Einzug der Vögel auslösen würde, noch bevor es irgendeinen Befund gäbe. Eigentlich blöd, denn das Einzige, das dadurch erreicht wird, ist, dass die Leute nicht frühzeitig genug testen. Mal schauen was meine neue Tierärztin von der ganzen Sache hält.

Auf der positiven Seite: Die beiden Agaporniden haben sich ohne Wegzufliegen heute Morgen von mir mit der Blumenspritze duschen lassen. Süß! Der kleine Blaue wird immer vorwitziger. Ich glaube, ich werde ihn Aladdin nennen. Er ist so ein wackerer kleiner Kämpfer. Oder ist das völlig blöd? Heute Abend schwirrte er immer näher an mich ran. Aber beide Graue saßen gerade auf mir und schickten sich an ihr Territorium zu verteidigen. Er hat es ein paarmal versucht, aber die Drohgebärden waren so eindeutig, dass er es Gott sei Dank nicht versucht hat. Er ist aber trotzdem bis auf 20 Zentimeter herangekommen <freu>. Hier muss ich mir noch was überlegen, ehe es einen bösen Unfall gibt.

18.09.2001

Danke für das „Rückenstärken" <smile>. Dann bleibt's bei Aladdin. Die Grüne müsste dann ja eigentlich Jasmine heißen oder vielleicht mache ich doch erst mal einen DNA-Test. Nicht, dass die Kleinen geschlechterverwirrt werden. <grins> So macho wie die Grüne ist Aladdin selbst als Mann nicht. <breitgrins>
Es ist zum Schießen, wie eifersüchtig Lily und Hector sind. Sie weichen nicht mehr von meiner Seite, seit ich die beiden Agas am Samstag aufnahm. Zahme Vögel sind ja was Wunderschönes, aber mitunter wird es ein wenig lästig. Ich kann noch nicht einmal mehr alleine zum Klo gehen, hrmpf.
Sogar beim (teflonfreien) Haare föhnen hocken sie auf meinen Schultern, sie links, er rechts. Meine Frisur der letzten paar Tage könnt ihr Euch sicherlich gut vorstellen. Und

während Hector versucht, mir das Mascarabürstchen aus der Hand zu ringen – er kann das ja viiiiel besser –, schleckt <ughgh!!!> Lily mir ausgiebig mein Ohr aus.
Gestern Abend saß Lily zwei Stunden lang während des zweiten Teils eines tollen Kitschfilms <schäm-grins> auf meinem Knie und ließ sich ausgiebig durchkraulen. Sie zwingt einen förmlich dazu! Naja, wenigstens hat sie etwas dazugelernt: Seit gestern hebt sie auf „Killekille"-Kommando mehr oder weniger zuverlässig die Flügelchen gaaanz hoch, damit man auch dort gut rankommt. Hector ist jetzt auch noch mit ins Bett zum abendlichen Kuscheln gekrochen, was ja sonst nur Lily macht. Er ist ja eher so ein unabhängiger. Schon irre, dass die Aufnahme von diesen beiden kleinen Rettungsvögeln mir die Großen noch ein Stück näher gebracht hat.
Lustig ist, dass einer der beiden Unzertrennlichen, die ja überhaupt nicht zahm sind, sich wohl dachte, dieser bewegliche Kletterbaum müsse jaaaanz wat Dolles sein, nachdem die beiden großen Rivalen ständig darauf rumhockten, sodass er sich immer näher heranwagte. Leider haben Hector und Lily ihm dann recht deutlich gedroht, sodass er den Anflug dann letztendlich (glücklicherweise) nicht bis zur letzten Konsequenz durchgeführt hat. Interessante Zeiten.

Ja, da habe ich mächtig Manschetten vor, dass sie sich in die Quere kommen. Aber im Bestfall bin ich zwischen 18:30 und 19:00 Uhr zu Hause und Hector sowie die Agas gehen

schon zwischen 20:00 und 20:30 Uhr in die Heia. Nur Lily ist eine kleine Nachteule. Da bleibt leider nicht viel Zeit, sie separat rauszulassen.
Im Moment können die Grauen noch nicht wieder richtig fliegen, sodass die Kleinen, die ja eh sehr wendig sind, gut wegkönnen. Mit der nächsten Mauser wollte ich eigentlich den Grauen die Schwungfedern nachwachsen lassen. Aber ich glaube, selbst dann sind sie eher „Brummer" statt wendige kleine Helikopter, wie es die Agas sind.
Das größere Problem ist eher die Vorwitzigkeit von Aladdin, der von sich aus zu den Grauen und mir kommt. Der Grüne hält freiwillig einen ordentlichen Sicherheitsabstand ein. Ohne strengste Bewachung werde ich sie halt nicht zusammenlassen. Darüber hinaus trainiere ich jetzt Hector und Lily darauf, die Agas in Ruhe zu lassen. Sobald ich die Agas konditioniert habe, was wahrscheinlich noch etwas dauern wird, da sie ja ganz wild sind, werde ich ihnen auch beibringen, die Grauen in Ruhe zu lassen. Wichtig ist es auch, einen zweiten Kletterbaum im Wohnzimmer zu installieren, damit beide ihre eigenen Anflugplätze haben. Aber das Ganze kam halt so überraschend, dass ich überhaupt nicht drauf vorbereitet bin. Muss jetzt erst mal Transportboxen kaufen, damit ich sie morgen zum Tierarzt kriege. Ich halte Euch auf dem Laufenden.

Vor drei Wochen ließ Lily sich noch nicht einmal unter den Flügeln anfassen. Das haben wir jeden Tag in

Millimeterschritten geübt. Es ist beileibe nicht so, dass sie von vorneherein zu mir hinwackelte und gekrault werden wollte. Ich habe sie Mitte Juli bekommen. Damals biss sie, schrie und hatte Angst vor Händen. Ich habe halt nicht locker gelassen und immer schön die Hand geballt, wenn sie beißen wollte, denn in eine geballte Hand können sie nicht beißen <überlist-grins>. Irgendwann hat sie dann kapiert, dass es schön ist, sich das Köpfchen kraulen zu lassen, dann den Hals, dann die Brust usw. und so fort.
Im Moment übe ich das Auf-den-Rücken-drehen. Auch das ist noch nicht gerade hitverdächtig. Erst übt man, die Hand über den Rücken zu halten, dann drauf, dann immer ein bisschen länger, dann fängt man an, die Hand, auf der sie sitzen, ganz langsam nach hinten zu drehen, während man sie mit der anderen Hand auf dem Rücken festhält. Das dauert halt alles ewig.
Mit Hector ist es genau das Gleiche, nur dass er dem Sich-anfassen-lassen viel skeptischer gegenüber steht als sie, weil er von der Züchterin in ihrem Laden – sozusagen auf dem Präsentiertablett – auf den Ladentisch gestellt wurde, wo jeder, der von der Straße reinkam, ihn begrapschen konnte. Ich rechne es ihm hoch an, dass er sich überhaupt anfassen lässt. So richtig ausgiebig genießen tut er es aber äußerst selten. Aber ich denke, das kommt alles noch.
Wenn Du in den alten Beiträgen liest, bin selbst nicht sicher wo, habe ich auch irgendwo das An-die-Dusche-gewöhnen beschrieben. Das war auch so ein Riesenakt. Bei Hector hat es, soweit ich mich entsinnen kann, zweieinhalb Monate des täglichen Übens bedurft. Aber jetzt duschen beide täglich

mit mir so richtig unter der Dusche. Lily ist ganz ungeduldig und kann es kaum abwarten, während ich das Wasser adjustiere, und hebt schon die ganze Zeit das Pfötchen, um hochgenommen zu werden. Hector lässt es nach wie vor über sich ergehen, aber zumindest haut er nicht mehr ab. Auch das wird in Minischritten jeden Tag ein bisschen besser. Also, sorry, <lach> Wundervögel habe ich leider auch nicht. Aber mein Dickkopf ist halt noch dicker als ihrer. <grins>

Tja, man wird hier echt zum Hochleistungstipper, wenn man mithalten will. <grins> Also, ganz ohne sind meine Grauen auch nicht. Die solltet Ihr mal sehen, wenn sie gerade mal wieder – eigentlich immer! – dasselbe Spielzeug haben wollen. Da bin ich schon öfters schlichtend dazwischen getreten. Ich weiß, soll ich eigentlich nicht, aber es wurde wirklich besorgniserregend – zumindest für mich Weichei.
Das Problem ist halt, bei den Schnäbeln bleibt bei einem Aga glaube ich, nicht viel über, wenn ein Grauer ihn tatsächlich mal erwischt. Dass die Agas frecher sind, glaube ich sofort. Gerade Aladdin ist so vorwitzig, was mir aber denn auch eben Sorgen wegen der Grauen macht. Nach drei Tagen kann man natürlich auch noch nicht absehen, wie sie sich dann schlussendlich benehmen und zusammenraufen, nachdem sie sich mal etwas mehr eingelebt haben, – und wie sich ihre Persönlichkeiten entwickeln, wenn sie etwas älter werden. Hmmm, das wird dann ja wohl echt noch spannend. Nehme gerne Wetten entgegen. <grins>

20.09.2001

War gestern beim Tierarzt. Was an sich auch schon wieder eine Odyssee war. Konnte nämlich nirgends kleine Transportboxen auftreiben. Habe dann zum Schluss Mäuseboxen genommen und mit viel Geduld und Spucke mit einer Schere Löcher in die Wände gebohrt und je einen meiner Graupapageienkaustäbe mit einer Schraube als Sitzstange anmontiert. So eine Frickelarbeit.
Gefangen habe ich sie mit dem Kescher. Das ging echt gut. Dic Tierärztin meinte, dass die beiden, abgesehen davon, dass sie, insbesondere der Blaue, total zerhackt sind, eigentlich ganz gesund wirken. Kot- und Federproben haben wir dann auch genommen und jetzt warten wir auf die Ergebnisse.
Bin ganz beeindruckt von der Intelligenz der Kleinen. Ich hatte Euch ja geschrieben, dass sie innerhalb von 24 Stunden raushatten, dass sie durch die Gitterstäbe passen. Nachdem sie dann einen Tag außerhalb des Käfigs mit dem Futter innerhalb des Käfigs – glücklicherweise hatten sie ausgiebigst gefrühstückt – verbracht haben, blieben sie dann gestern ganz brav im Käfig, bis ich grausamer Mensch sie dann gefangen habe.
Heute Morgen scheinen sie dann kapiert zu haben, dass die Käfigtür immer nur dann zugeht, wenn beide drin sitzen. Also, was haben sie gemacht? Einer hat schön gefressen, während der andere Wache schob, bis ich zur Arbeit musste. Im Moment scheinen sie nicht sehr zu knabbern, ganz im Gegensatz zu Berichten, die ich gelesen habe. Meine Grauen kann ich gar nicht unbeaufsichtigt rauslassen, da sie am liebsten Elektrokabel verspeisen. Wie groß ist da die Gefahr

bei Agas? Die Bisse sind ja bisher zumindest eher harmlos, aber ich möchte nicht, dass sie sich in meiner Abwesenheit einen Stromschlag einfangen.
Ach ja, vor Spielzeug haben sie auch Angst. Hatte gestern was in den Käfig gehängt, sie sind dann nicht mehr in die Nähe des Käfigs gegangen, bis ich es wieder entfernte. Jetzt habe ich es erst mal auf den Tisch gelegt, damit sie es aus der Ferne anschauen können, bis sie sich dran gewöhnt haben.

Hallo, vielen Dank erst mal für Eure Tipps. Dass sie auf Kolbenhirse richtig scharf sind, kann ich inzwischen definitiv bestätigen. Heute Abend, als ich nach Hause kam, war Aladdin weg – Riesenschreck!!! Und der Grüne saß ganz ruhig auf dem Kletterbaum. Also habe ich überall gesucht, in Vasen, hinterm Schrank – irgendwo musste er doch stecken? Aber kein Laut.
Als ich dann so richtig schön verzweifelt war und wusste, dass Aladdin vermutlich mausetot in irgendeiner Ritze liegt, die ich noch nicht gefunden hatte, flog der Grüne zu einem der Umzugskartons und setzte sich demonstrativ auf den Rand. Und blickte immer ganz deutlich zu mir und dann in den Karton.
Schon komisch. Ich bin dann hin – man weiß ja nie – und konnte zuerst gar nichts sehen. Der Grüne, der ja sonst sofort abhaut, hat mich ganz nahe rankommen lassen, bis ich sah, dass zwischen Kerzenständern und Lampenfassungen Aladdin im Karton eingekeilt saß. Erst als ich mich

dann anschickte, ihn zu befreien – glücklicherweise nichts passiert –, flog der Grüne wieder weg. Irre, oder?
Jetzt verstehe ich auch die Berichte von Besitzern, die ihre Agas in Manteltaschen usw. wiederfinden, nachdem sie das ganze Haus auf den Kopf gestellt hatten. Hätte er sich nur einmal dazu bequemt, „Piep" zu sagen, hätte ich ihn sofort gefunden. Aber das wäre ja zu einfach gewesen.
Der Ärmste war wahrscheinlich total verängstigt, was aber nicht lange anhielt, da er sofort im Anschluss daran meinte, sich mit Hector anlegen zu müssen wegen seines Lieblingsplatzes auf dem Kletterbaum. Irgendwie kapiert er nicht, dass Hector knapp zehnmal so groß ist wie er. Ansonsten waren beide heute sehr brav und haben außer den Samen auch das ganze Papageienmenü sowie alles Obst und Gemüse gegessen. So schwierig, wie ich es erwartet hatte, scheint die Umstellung auf gesundes Fressen dann wohl doch nicht zu werden.

21.09.2001

Die Tierärztin hat gerade angerufen. Beide sind total gesund, yuchuhhhhh!!! Nur mit dem Geschlechtstest muss ich noch bis nächste Woche warten.

25.09.2001

Im Rahmen der Geschlechtsbestimmung, von der die Ergebnisse immer noch nicht vorliegen (grrrrrr), wurde auch die Art besprochen, weil das mit aufs Formular muss. Es

handelt sich wohl um ein Schwarzköpfchen (Aladdin) und ein Pfirsichköpfchen (Jazz). Die Tierärztin meinte, ich könne mich mal darauf einrichten, dass das unter Umständen auf Dauer nicht gut gehen wird. Auf mein etwas genervtes „Na, klasse" fragte sie grinsend, woran es denn meines Erachtens liegen würde, dass Aga-Besitzer früher oder später immer mit einem Schwarm enden. Hmmmmm ...
Letzte Nacht hat Aladdin dann auch tatsächlich vorgezogen, mit den Grauen und mir im Schlafzimmer alleine zu nächtigen – auf einem Umzugskarton eingekeilt zwischen Bild und Wand – süüüüß!! – statt bei Jazz zusammengekuschelt im Wohnzimmer auf dem Baum. Ist das der Anfang vom Ende? Wie dem auch sei, wenn ich schon weiter verpaaren darf, dann würde ich gerne einen handzahmen Agaporniden dazunehmen. Interessanterweise scheint es die in Deutschland aber nicht zu geben. Ohne jetzt eine Pro-und-Contra-Handaufzucht-Debatte anzufangen, würde ich gerne wissen, ob Euch hier in Deutschland Züchter bekannt sind, die zahme Schwarzköpfchen haben? Es ist ja nicht notwendig, dass der Vogel mit der Hand aufgezogen wurde, um ihn zu zähmen.

Na klar darfst Du fragen: „Warum zahm?". <lach> Ich denke, bei einem zwangsläufig nicht artgerecht gehaltenen Vogel, da in meiner Wohnung nicht die freie Wildbahn simuliert werden kann, ist es wesentlich stressfreier für ihn und für mich wenn er Menschen gewöhnt ist. Die

Kescherfangaktion vor dem Tierarztbesuch wäre z.B. nicht notwendig. Im Gegensatz zu der scheinbar vorherrschenden deutschen Meinung, dass Agas nur schlecht gezähmt werden können, bin ich über eine amerikanische Vogelliste mit Leuten in Kontakt, die ihre Agas superzahm bekommen haben. Es ist also durchaus möglich.

Die Geschichte von Deinen Agas gibt einem Hoffnung in Sachen Zahmwerden. Komischerweise ist das bei meinen genau umgekehrt. Beide sausen ja derzeit noch immer ungebremst in der Wohnung rum. Das Pfirsichköpchen ignoriert uns alle und macht auf Distanz, während Aladdin, das vorwitzige Schwarzköpfchen, schon mehrere Annäherungsversuche unternommen hat, die bei den Grauen allerdings nicht unbedingt auf Gegenliebe gestoßen sind <arghgh>.
Wenn er jetzt auch noch einen zahmen Partner hätte, würde er seine Scheu, glaube ich, sehr schnell überwinden. So musste er sich letzte Nacht zwischen uns und Jazz entscheiden, diesmal zu unseren Gunsten. Ob das ein Zufall war? <grins>

27.09.2001

Gerade mit Tierärztin gesprochen: Aladdin ist eine Aladdine und Jasmine ist ein Jasmino. Was tun??? Umbenennen???? Hmmmmm ... Kennt jemand vielleicht doch eine vorwitzige Kämpferin??? – bitte nicht Xena! Vielleicht spare ich für eine Geschlechtsumwandlung. <haha>

05.10.2001

Vor drei Tagen habe ich mit dem Zähmungsversuch bei den Agaporniden angefangen. Habe oben auf dem Käfig ein Leckerbissenschälchen platziert und einen Kolbenhirseknubbel reingetan. Am ersten Tag (vorvorgestern) hat es fast den ganzen Tag gedauert, bis sie sich rangetraut haben. Am zweiten Tag dauerte es eine Viertelstunde. Da habe ich mehrfach Hirseknubbelchen in das Leckerlischälchen legen können. Es war ja der freie Tag. Gestern habe ich was reintun können, ohne dass Aladdine, die auf dem Rand saß, weggeflogen ist. Das sind nur fünf Zentimeter Abstand. Nicht schlecht, oder? Jazz ist noch immer recht scheu, aber wenigstens ist er jetzt so weit, dass er nicht hektisch wegflattert, wenn ich mich am Käfig zu schaffen mache. Aladdine war ja auch von Anfang an die Vorwitzigere. Heute Morgen beim morgendlichen Spritzflaschenduschen ist Aladdine auch näher an mich ran – so auf 20 Zentimeter Abstand – gehüpft. Auch meine beiden Grauen werden langsam in Bezug auf die beiden relaxter. So saßen sie gestern auf dem gleichen Kletterbaum (mittlerweile habe ich zwei im Wohnzimmer plus ein Minibäumchen oben auf dem Aga-Käfig), ohne dass Hector versuchte, sie wegzujagen.

06.10.2001

Juchuuuuhhh!!!

Alladine hat mir gestern zum ersten Mal aus der Hand gefressen. Ich bin mit einem Knubbelchen Kolbenhirse zwischen Zeigefinger und Daumen gaaaanz langsam an sie ran und habe es bis direkt vor ihren Schnabel gehalten. Sie hat dann ganz vorsichtig daran rumgepickt <wir beide Atem anhalt>, bis ich es dummerweise habe fallen lassen (war halt ein sehr knubbeliges kleines Ding). Heute versuche ich's wieder!

Aladdine ist ein Goldstück!! Habe sie heute mehrfach mit der Hand gefüttert. Immer schön Kolbenhirse. Sonnenblumenkerne und Pfirsich fand sie äußerst „bäh", obwohl ich, um den nötigen Futterneid zu schüren, immer erst welches vor ihrer Nase an meine Grauen verfüttert habe. Heute Abend wird die Kleine mit ihrem Riesenhirsebauch vermutlich Albträume haben.
Mittlerweile kann ich recht zügig an sie herantreten. Sie ist sogar schon ein paar Schrittchen auf mich zugekommen. Das üben wir jetzt noch, bis sie dabei ganz entspannt ist. Dann wird der Clicker konditioniert, damit wir mit dem richtigen Training anfangen können.
Bin ganz in Aladdinchen vernarrt.

07.10.2001

Wir kommen recht zügig voran. Heute haben wir angefangen, den Clicker zu konditionieren. Zuerst hat Aladdine bei jedem Click erschreckt hochgeschaut, statt nach der Hirse in meiner Hand zu picken. Dann fing sie an, lockerer zu werden, sodass ich tatsächlich jedesmal, wenn sie nach der

Hirse pickte, kurz bevor sie sie in den Schnabel bekam, clicken konnte. Dass sie die Verbindung bereits verknüpft hat, glaube ich nicht. Mittlerweile kann ich meinen Arm auch recht gebeugt halten beim Füttern, was unglaublich viel bequemer ist, sodass ich inzwischen mit Gesicht und Körper auf 30 Zentimeter an sie ran kann. Also echt gut.
Jazz andererseits ist noch immer sehr viel scheuer als Aladdine. Aber wenigstens fliegt er jetzt nicht immer aufgestört weg, wenn ich in ihre Nähe komme. So konnte ich heute etwas in die Leckerlischale oben auf dem Käfig geben, als sie auf demselbigen saß Nun ja. Gut Ding will Weile haben.

11.10.2001

Vorgestern konnte ich Aladdine zum ersten Mal streicheln. Naja, ich habe sie schon etwas überlistet. Beim Leckerli-mit-der-Hand-füttern hat sich mein Finger auf ihre Füßchen und ihren Bauch „verirrt". Dann bin ich etwas zu forsch geworden und habe mich an ihr Flügelchen rangepirscht. Da ist sie dann weggeflogen.
Gestern haben wir angefangen, mit dem Targetstick zu üben. Immer wenn sie vorne in die Spitze eines Schaschlickstäbchens gebissen hat, habe ich geclickt und ihr etwas Hirse gegeben. Die Verbindung hat sie auch ganz gut kapiert. Immer nach dem Click hat sie erwartungsvoll nach der Hand mit der Hirse geschaut. Zum Schluss hat sie nicht nur in den Targetstick gebissen, wenn ich ihn direkt vor sie hinhielt, sondern auch wenn sie den Kopf nach rechts, links, unten bewegen musste, um dranzukommen. In den

nächsten Tagen werde ich versuchen, das so weit zu steigern, dass sie ein paar Schritte darauf zu machen muss. Wenn das dann blind sitzt, werde ich den Targetstick benutzen, um sie auf die Hand zu locken.
Jazz hat gestern zwar immer noch nicht aus der Hand gefressen, aber wenigstens ist er direkt hinter Aladdine sitzengeblieben, während sie mir aus der Hand fraß. Laaaaangsam geht es wohl auch bei ihm vorwärts.

18.10.2001

Mit Aladdine übe ich nach wie vor mit dem Targetstick. Seit gestern ist sie auch ein bisschen gelaufen, um dran zu kommen. Dabei ist sie aber immer noch furchtbar schreckhaft. Jedes Geräusch lässt sie innehalten. Auch Erdnussbutter mag sie nicht – immer nur Hirse, Hirse, Hirse. Ab und zu knabbert sie auch ganz zart an meinem Finger herum. Leider verstehen sich Jazz und Aladdine immer schlechter. Sie sitzen kaum noch zusammen und zanken auch sehr häufig. Interessanterweise bringt das Jazz uns näher, da er jetzt öfter im Schlafzimmer übernachtet. Wenn ich abends noch im Bett lese, Lily auf meinen hochgezogenen Knien hockt und Hector bereits in seiner Schlafkiste sitzt, läuft er ganz hektisch am Boden hin und her – immer schön auf Hectors Schlafkiste zu. Wenn Jazz zu nahe kommt, schießt Hector „zähnefletschend" aus seiner Box.
Wenn ich am Abend in der Küche alles für den nächsten Tag fertig mache, das heißt endlos Futterschalen schrubbe, sitzt Jazz auch oft auf dem Regal im Flur und schaut zu.

Manchmal kommt er auch mit ins Bad. Eigentlich ganz komisch, obwohl er sich nicht anfassen lässt und auch nichts aus der Hand nimmt, scheint er doch die Nähe zu suchen. Auch auf dem Bett turnt Jazz recht häufig herum. Er ist auch schon öfters direkt neben mir gelandet oder läuft von der Seite oder vom Fußende zu mir hoch. Als er auch auf die Knie hoch wollte, hat Lily ihn aber leider immer wieder weggescheucht.
Das hätte ich mir nie träumen lassen, dass meine beiden Grauen den Zähmungsfortschritten der Agaporniden derart in die Quere kommen. Als Maßnahme werden die Grauen jetzt immer sehr gelobt und belohnt, wenn sie die Agas in Ruhe lassen, was nicht immer, aber doch immer öfter vorkommt. Zumindest kann ich Aladdine problemlos mit Lily auf der Schulter füttern, ohne dass sie auf sie losgeht.
Was auch noch schön ist: Die Agaporniden sind jetzt in die abendliche Begrüßung eingestiegen. Wenn ich abends nach Hause komme und zu lange warte bis ich ins Wohnzimmer gehe, wo die Agaporniden immer noch im dauerhaften Freiflug eingesperrt sind, zwitschern sie ganz wild bis ich zu ihnen reingehe.
Vielleicht haben sie auch nur Hunger!? Hmmm …

Vielen Dank erst mal für Deine ausführliche Antwort. Ob Hector eifersüchtig ist, weiß ich natürlich nicht. Als ich Lily nach Hause brachte, hat es solche Szenen zwischen ihr und Hector nicht gegeben. Ich glaube allerdings schon, dass es

etwas mit Territorium verteidigen zu tun hat, da die Agaporniden auf „seinem“ Kletterbaum sitzen, obwohl ich in der Wohnung fünf Stück davon habe. Wobei Hector sie eigentlich in Ruhe lässt, wenn die Agaporniden auf dem Sitzbaum, der auf dem Aga-Käfig montiert ist, sitzen. Der kam später und ist „ihrer“.
Hector verhält sich da ganz anders. Er geht auch auf Jazz im Schlafzimmer nur dann los, wenn er dusselig genug ist, immer ausgerechnet auf Hectors Schlafbox zuzulaufen. Irgendwie – keine Ahnung warum – wollen sich die Agaporniden mit den Grauen „anfreunden“. Naja, es wird langsam besser mit den Aggressionen.
Zwischen Aladdine und Jazz hatte mir meine Tierärztin die Entzweiung vorausgesagt, da Aladdine ein Schwarz- und Jazz ein Pfirsichköpfchen ist, sie also nicht wirklich zusammenpassen. Sie klebten halt in der Zoohandlung zusammen. Und als die mir „freundlicherweise“ Aladdine schenkten, die ja in einem grottenschlechten Zustand war, dachte ich, es wäre unnötig grausam und stressig, die beiden zu trennen. Ich habe jetzt allerdings Kontakt mit einem Mädel, das auch gerade so ein blaues Schwarzköpfchen gerettet hat – Einzelhaltung und kahl gerupft –, das vom Geschlecht her passen würde. Das werde ich wohl übernächstes Wochenende – ist leider ziemlich weit weg – abholen fahren. Mal schauen, ob was daraus wird. Mir graut davor, dass es immer mehr werden <grins>. Das war vollkommen ungeplant!!!
Eifersüchtig auf Aladdine ist Jazz vielleicht, jedoch ist Aladdine wirklich nicht zahm. Sie frisst gerade mal aus der Hand, aber spielen tun wir sicherlich (noch?) nicht.

Interessanterweise macht ja auch Jazz zarte Annäherungsversuche an mich. Schade, dass man nicht in ihre Köpfchen reingucken kann.
Mein Ziel ist es ja nicht, sie zu Spielvögeln zu machen. Dafür habe ich ja meine Grauen, die fast schon zu sehr auf mich bezogen sind, obwohl sie aufgrund meiner Berufstätigkeit weitaus den größten Teil der Zeit miteinander statt mit mir verbringen. Ich möchte sie nur so weit zähmen, dass sie keine Angst haben und problemlos auf die Hand kommen, damit man sich diese für sie doch sehr stressigen Kescheraktionen sparen kann.
Zitat: „Was meinst Du mit dem Click und Targetstick?“ Das bezieht sich auf Clickertraining. Das ist auf operanter Konditionierung aufgebaut. Dies ist eine Trainingsart, die auf positiver Verstärkung beruht. Das Tier wird grundsätzlich nicht bestraft oder zu irgendwas gezwungen. Aber wenn es etwas „richtig“ macht, dann wird dieses Verhalten durch eine Belohnung verstärkt. Mit der Zeit bietet das Tier das Verhalten immer öfter an. Da es schwierig ist, das Tier genau zum richtigen Zeitpunkt zu belohnen, was aber notwendig ist, damit es weiß, wofür es eigentlich belohnt wird, braucht man eine „Brücke“. Das kann ein Geräusch oder ein Lichtsignal sein (z.B. bei Fischen).
Da man als Geräusch oder Signal etwas wählen muss, was das Tier normalerweise nicht hört, benutzt man einen Clicker. Deswegen nennt man es Clickertraining. Dieser Clicker beziehungsweise das Clickgeräusch wird mit Leckerbissen so verknüpft (konditioniert), dass das Tier es als

Signal erkennt. Wenn es also etwas richtig macht, kann man genau zu dem Zeitpunkt clicken und anschließend belohnen, sodass der Vogel genau weiß, wofür er gerade belohnt wird. Man kann alles clicken. Somit kann man ihnen über Clickertraining alles von Stubenreinheit über Loslassen bis Schwänzchen wedeln und allen anderen Quatsch beibringen. Insbesondere wenn die Vögel mal kapiert haben, worum es geht, macht es riesig Spaß. Für sie ist es halt eine Art Beschäftigungstherapie. Sie sind ja hochintelligent. Meine beiden Rangeln immer darum, wer gerade dran ist. Mittlerweile „clickt" Hector mich, wenn ich endlich mache, was er will (kein Witz!).

Der Riesenvorteil ist, dass es absolut freiwillig, also keine Tierquälerei ist, da das Tier ja jederzeit weg kann, und dass durch das verstärkte Anbieten von erwünschten Verhaltensweisen, Fehlverhalten wie Schreien, Beißen, Rupfen oft spontan wegfallen. Nachteil ist, dass man in seeeehr kleinen Schritten vorwärts geht, man also eine Engelsgeduld aufbringen muss, die mir nicht gerade in die Wiege gelegt wurde. Mir hat es sehr geholfen, ein Trainingsjournal zu führen, in dem man dann rückblickend sieht, wie weit man schon gekommen ist, auch wenn der einzelne Schritt winzig erscheint.

Soviel zu meinem kleinen Einblick ins Clickertraining.

28.10.2001

Trainingsdurchbruch! Heute ist Aladdine mir zum ersten Mal auf den Arm gekrabbelt. Zuerst habe ich ihr den Finger

angeboten. Den Targetstick habe ich dabei so gehalten, dass sie zuerst ihr Köpfchen über meine Hand halten musste, um dranzukommen. Zum Schluss hätte sie auf meine Hand steigen müssen, um den Targetstick zu erreichen. Da sie aber der Stabilität meiner Hand offensichtlich gar nicht traute und im Rahmen ihres „Testprogramms" ein paarmal ziemlich fest reinzwickte, bot ich ihr stattdessen meinen ärmelgeschützten Arm an. Schlussendlich will ich ihr ja nicht beibringen, dass es in Ordnung ist, mich zu zwicken!
Das Cordhemd hat sie dann zwar auch ausgiebig mit ihrem Schnabel getestet, ist dann aber doch draufgeklettert und hat sich dann sogar ein Stück von mir tragen lassen. Zur Ablenkung habe ich sie weiterhin schön mit dem Targetstick üben lassen, sodass sie auf meinem Arm immer etwas hin- und hergekrabbelt ist. Interessanterweise saß Hector die ganze Zeit auf der Schulter desselben Armes und hat nicht versucht, Aladdine zu verjagen. Naja, er hat wahrscheinlich bemerkt, dass er immer schön mitbelohnt wurde, wenn Aladdine ein Leckerli bekam.
Anschließend habe ich es noch einmal mit Aladdine und auf die Hand steigen versucht und mir tierisch auf die Zunge gebissen bei ihren Finger-Schnabel-Tests. Schlussendlich hat sie dann aber doch ein Füßchen auf meinen Finger gesetzt, um besser an den Targetstick dran zu kommen. Dabei hat sie dann auch bemerkt, dass ich die Kolbenhirse in der Hand versteckt hielt, und ist fast in die Hand hineingekrochen, um sie mir zu stibitzen.
Ansonsten haben sich Aladdine und Jazz jetzt wieder vollkommen versöhnt und sind wieder ein Herz und eine Seele.

29.10.2001

Bin eben nach Hause gekommen und habe sofort noch eine Trainingssession mit Aladdine eingeschoben. Sie ist mir mehrfach mit immer weniger Zögern auf die Hand gekommen und hat sich zum Schluss sogar, obwohl ich auf jeder Schulter einen Grauen hatte, spazieren tragen lassen. Ist sie nicht das Klügste aller Papageienkinder???
Wie dem auch sei. Jetzt werden wir dies solange üben, bis es wirklich zügig und ohne Nachdenken geht. Dann werde ich anfangen, das Aufsteigen auf Kommando zu setzen.

12.11.2001

Beim Einzug habe ich von meiner Vermieterin eine Geranie geschenkt bekommen. Was natürlich sehr nett war, nur dass Geranien nicht unbedingt zu meinen absoluten Lieblingsgewächsen gehören. Also habe ich die Pflanze meinen beiden süßen Agas mit Zerstörungsauftrag überlassen. Nach zwei Wochen waren nur noch kahle Stümpfe von der Geranie übrig, sodass ich sie guten Gewissens wegschmeißen konnte. Derzeit machen sie sich über einen verlausten Hibiskus her.

15.11.2001

Hier noch eine niedliche Geschichte von unserer Trainingsrunde gestern. Ich saß am Abend mit Hector und Lily, meinen beiden Grauen, am Esstisch und übte mit ihnen „Apportieren“, High-fives und ähnlichen Blödsinn. Aladdine muss

das Clicken gehört haben, denn auf einmal kam sie angeschwirrt und setzte sich auf die Stuhllehne neben mir.
Da habe ich sie natürlich sofort belohnt. Und habe dann weiter mit meinen beiden Großen trainiert. Das war Aladdine dann zu blöd, denn sie wollte ja auch mal. Also fing sie an, in die Spitze des Targetsticks der Großen, einem chinesischen Essstäbchen, zu beißen. Nun, Ihr kennt ja alle die Größe eines Agas und die eines Essstäbchens, könnt Euch also recht gut vorstellen, wie sperrangelweit die Kleine ihr Schnäbelchen aufreißen musste, um diese Riesenspitze in ihr Schnäbelchen zu nehmen.
Dann habe ich sie mit dem Targetstick auf meine Hand gelockt und mit ihr geübt, den Arm hoch- und runterzulaufen. Anschließend wollte ich mit den Großen weitertrainieren, die immer noch auf dem Tisch saßen, und wendete mich wieder ihnen zu. Pustekuchen. Aladdine hatte noch nicht genug und landete auf dem Tisch, wo sie es saukomisch fand, sich von hinten an Lily ranzuschleichen und ihr am zugegebenermaßen wunderschönen knallroten Schwanz zu ziehen. Ich biss mir natürlich auf die Lippen, um nicht loszulachen. Denn für solch eine Gemeinheit sollte ich sie natürlich nicht auch noch belohnen. Aber es war wirklich zu komisch – die vorwitzige Kleine.
Etwas später haben wir dann noch „Komm“ geübt, wobei sie doch etwas Landeprobleme zu haben scheint. Vielleicht sind die Finger zu glatt?
Gerade sitze ich im Büro/Vogelzimmer – in dem die Agas aber nicht wohnen. Sie sind im Wohnzimmer – mit meinen beiden Grauen und mache mich fertig für die Arbeit. Wer

kommt auf einmal den langen Gang herunter geschwirrt? Natürlich Aladdine, die Anschluss oder, seien wir ehrlich, Kolbenhirse sucht. Hat sie natürlich dann auch bekommen.

21.11.2001

Juchuhhhh, Jazz wird jetzt auch zahm! Das Training geht zügig weiter. Aladdine kann jetzt problemlos auf dem Finger landen. Ihr Dazukommen beim Training der Grauen ist mittlerweile schon Routine. Wie schnell man sich an den Luxus gewöhnt, über den man noch vor wenigen Tagen in Ekstase war! Sie erlaubt auch ab und zu, dass ich sie ganz leicht berühre. Mittlerweile entwickelt sie auch einen süßen Sinn für Humor und fliegt nicht weg, wenn ich versuche, sie zu berühren, sondern „tanzt" um meine Hand herum, versucht mich zart in die Fingerspitze zu zwicken, tänzelt wieder ein paar Schrittchen weg, kommt wieder zurück usw. Angst scheint sie nur noch sehr wenig zu haben.
Gestern dann endlich auch bei Jazz der Durchbruch! Nach Monaten der Scheu und des Misstrauens kam sie auch auf den Trainingstisch geflogen. Sonst traute sie sich immer nur bis zur Kommode, ging an ihr Leckerlischälchen – mit einer Ausnahme – nur ran, wenn ich meine Hand wieder weggezogen hatte, usw.
Nun, gestern kam sie also endlich auch auf den Tisch und kam immer näher, um auch Hirse zu ergattern. Zum Schluss kam sie dann mehrfach nah genug, um aus der Hand fressen zu können. Unglaublich, welche Mengen Hirse in so einen kleinen Vogel hineinpassen. Putzig war auch, dass

sie ziemlich schnell herausfanden, wo ich die Hirse versteckt hatte. Es ist ja schließlich kein Selbstbedienungsladen. Jedesmal, wenn ich mit der Hand unter das Handtuch griff, schossen beide auf mich zu, weil sie wussten „jetzt gibt es eine neue Portion“. Von der Trainingslogistik her war es natürlich unmöglich, da ich die Grauen nicht auf den Tisch lassen wollte. Vier Vögel gleichzeitig unter Kontrolle zu halten, damit nichts passiert, und auch noch zu trainieren, überfordert meine Koordination maßlos. Weswegen ich auch nicht zur Aerobic gehe. Also habe ich die Grauen auf meinen hochgezogenen Knien trainiert.

Ihr wisst ja, Geduuuld ist mein größtes Problem. Mit Jazz bin ich schier verzweifelt, obwohl ich „erst“ seit September mit ihm übe. Naja, mein Maßstab waren natürlich die Grauen, die ja beide von Anfang an zahm waren. Verzweifelt wohl auch, weil diese Zutraulichkeit bei Jazz auch nicht allmählich wie bei Aladdine kam, bei der man ja fast vom ersten Tag an allmähliche, wenn auch minimale, Fortschritte beobachten konnte, sondern ganz plötzlich. Wie bei einem kleinen Kind, das nie brabbelt, sondern nur beobachtet und dann plötzlich mit einem ganzen Satz aufwartet.
Das Training ist jetzt natürlich zum Brüller geworden. Halte ich einen Targetstick hin, rennen drei Papageien, zwei große und ein kleiner, hinter dem Ding her und rempeln sich gegenseitig aus dem Weg. Bringt natürlich gar nichts. Da muss ich mir noch was Besseres einfallen lassen.

Nachdem ich jetzt auch schon seit Längerem die Großen dafür belohne, wenn sie die Kleinen in Ruhe lassen, wird jetzt auch nicht mehr so oft weggescheucht.
Na schaun mer mal wie's weitergeht …

22.11.2001

… und noch eine Story.
Gestern Abend nach dem, wie jetzt neuerdings immer, etwas chaotischen Training saß ich mit Hector und Lily auf dem Sofa. Jeder mit „seinem" eigenen Schälchen Keimfutter.
Aladdine, superneugierig, musste natürlich hier auch mal wieder checken, was los war. Schwirrte vom Bäumchen herab und landete …
… direkt auf Hectors Rücken.
Einen Moment stand die Zeit still. Dann merkten beide, was passiert war, und flogen schreiend (wortwörtlich!) auseinander. Ich bin vor Lachen fast vom Sofa gefallen. Schade, dass Ihr das nicht sehen konntet!

28.11.2001

Hatte gestern eine „brilliante" Idee in punkto Training. Habe statt auf dem Esszimmertisch auf dem Sofa mit den Grauen geübt: einer auf dem Knie, einer auf der Schulter. Dachte, da kommen die Agas so schnell nicht hin. Pustekuchen.
Ich übte mit Hector, auf Befehl auf die Hand und auf die Schulter zu krabbeln. Das ist praktisch, wenn man Futter in der Hand spazieren trägt, aber nicht will, dass er nascht.

Für die Übung habe ich einen Targetstick verwendet, damit Hector überhaupt weiß, worauf ich hinauswill. Alladine sah sich das kurze Zeit vom Kletterbaum neben dem Sofa an und hatte wohl auch Lust auf was Leckeres. Aber sie war ja nicht dran! Während Hector also von der Schulter runter auf die Hand lief, um an den Targetstick zu kommen, ist sie kurzerhand auf dem Targetstick gelandet, lief zur Spitze, zwickte hinein und wartete mit großen, verfressenen Augen auf ihre Belohnung, die sie natürlich auch bekommen hat, obwohl sie gar nicht dran war. Seit ein paar Tagen lässt sie sich im Übrigen auch am Köpfchen und an den Flügeln streicheln.

03.12.2001

Endlich ist mir auch Jazz mal auf die Hand gekommen. Tag rot im Kalender anstreichen!!! Hatte Sonntagabend Besuch aus dem Forum mit kleiner Clickerdemo. Nach etwas Lampenfieber – nicht bei mir, bei den Geiern, sie mögen Fremde nicht so gern – haben alle brav mitgemacht

Die letzten zwei Tage haben Aladdine und ich „Komm" und „Down" geübt. Das muss man sich folgendermaßen vorstellen: Ich stehe irgendwo und rufe „Aladdine, komm". Daraufhin kommt sie angeschwirrt, landet auf meinem Finger. Dann wird sie geclickt und fett mit Hirse belohnt. Dann trage ich sie irgendwo hin – Ast, Käfigtür, in den Käfig, auf den Schrank (streck, ächz …) – und sage „Down". Daraufhin krabbelt sie vom Finger auf das angebotene Sitzobjekt. Wieder Click und Belohnung. Dann gehe ich ein paar Meter weg und rufe wieder „Komm", und das Ganze geht

wieder von vorne los. Das funktioniert mittlerweile ganz gut. Auch die Abstände, die sie zu mir fliegt, werden immer größer. Vielleicht bekommt sie damit ihr Hirsebäuchlein auch wieder abtrainiert. Heute Morgen wollte ich, bevor ich das Haus verließ, noch eine kurze Übungsrunde einschieben. Allerdings hat sie sich ganz komisch benommen. Erst ist sie auf der Stelle hin- und hergetrippelt. Dann flog sie auf den Finger zu und machte im letzten Moment, Fußwerk schon zum Landen ausgefahren, einen Schwenker, um dann woanders zu landen. Zu komisch. Offensichtlich mochte sie meinen knallroten Pullover nicht. Dafür mag Lily, meine Graue, meinen schönen gemütlichen Steppmantel nicht. Die Modebanausen! Naja, müssen wir also heute Abend im ollen Hemd weiterüben.
Aladdine lässt sich mittlerweile ordentlich Hals und Rücken bis auf die Haut durchkraulen. Dazu stellt sie auch brav die Federn auf, damit man besser drankommt. Es wirkt zwar noch nicht so wirklich genüsslich hingebungsvoll wie bei Lily, die dabei fast schnurrt, aber Federn aufstellen ist ja immerhin auch ein gutes Zeichen.

11.12.2001

Ja, farbenblind sind die wirklich nicht – und dann erst mal die Reaktion, wenn man eine Brille auf hat.
Gerade gestern saßen beide Agas auf meiner Hand und hauten sich die Bäuche mit Hirse voll. Das wäre ein supersüßes Bild geworden – wenn ich eine Kamera griffbereit gehabt hätte. <seufz>

05.01.2002

Vielen Dank für die Beileidsbekundungen. Hier ist also mal die Geschichte was passiert ist: Hector war in der Dusche bös gefallen und ist ausgerechnet auf der doch recht scharfen Holzkante der Badablage gelandet. Dabei hat er sich die Brust aufgeschrappt. Das war zuerst gar nicht so schlimm, bis er anfing, an der Wunde zu pulen. Jedesmal wenn sie anfing zu heilen, riss er den Schorf ab. Dadurch wurde die Wunde immer größer und tiefer, da auch jedesmal ein Stück gesunde Haut mit dran glauben musste.
Nach sechs Wochen des Hin und Hers mit fast abgeheilt und wieder aufreißen haben wir dann in den sauren Apfel gebissen und eine Krause umgelegt. Die Alternative wäre gewesen, die Wunde zu nähen, was äußerst unangenehm gewesen wäre. Aufgrund der Art der Wunde war nicht genug Haut da, sodass die Haut vom Brustkorb hätte gelöst werden müssen, um sie dann über der Wunde zusammenzuziehen. Außerdem ist die Narkose auch nicht ganz ungefährlich. Und anschließend hätte er wahrscheinlich ohnehin weitergeknabbert. Die Halskrause ist für Hector schon recht unangenehm. Sie bringt ihn zum Beispiel ganz schön aus der Balance. Er, der große Kletterer, ist zum Stillsitzer geworden, da er immer den Halt verliert. Er ist auch sehr unsicher geworden, krallt sich immer sehr stark fest, wenn er irgendwo sitzt. Zusätzlich hat er jetzt im Nacken eine kahle Stelle, an der die Halskrause wohl scheuert. Außerdem hat er als Übersprungshandlung, da er ja nicht mehr an die Wunde drankommt, angefangen, seine Beinchen zu rupfen. Dafür habe ich jetzt so einen großen Plastikteller bekommen, etwas

mehr als Untertassengröße, den man dann noch zusätzlich um die Halskrause festtackert. Da Hector aber nur mit der Halskrause schon so ungeschickt geworden ist, möchte ich ihm das nicht zumuten, zum einen wegen der zusätzlichen psychischen Belastung, zum anderen wegen der signifikant erhöhten Unfallgefahr. Also trage ich den Plastikteller seit Wochen schon in meiner Handtasche spazieren.
Als ich Hector bekam, hat er sich gerupft. Damit hat er dann zwar aufgehört, aber es ist nicht gerade ungewöhnlich, dass er in dieser Stresssituation wieder damit anfängt. Das Wichtigste ist jetzt jedoch, dass die Wunde erst einmal abheilt. Um das Rupfen kümmern wir uns anschließend. Auf die Wunde selbst kommt Bepanthensalbe. Durch Zufall habe ich gemerkt, dass sie stärker heilend wirkt als die Salbe von der Tierärztin. Zwischen den Feiertagen hatte ich die Geier nämlich mit ins Büro genommen, da Hector, wenn ich dabei bin, nicht rupft. Da hat er es dann geschafft, die Brustsalbe abzuschaben. Bepanthen hatte ich zur Hand. Die kommt bei mir nämlich immer auf die ganzen Schrammen drauf, die im Moment besonders schlimm sind, da ich Hector derzeit die Krallen nicht feilen möchte, da sie doch wesentlich zu seinem guten Halt beitragen. Das Ganze ist jetzt schon sehr auf dem Wege der Besserung. Ich bin heilfroh wenn wir das Ganze überstanden haben.

Lily hat Geschmacksverirrung. Soeben habe ich Lily und Aladdine beim Schnäbeln erwischt. Ich weiß ja, dass Lily eine Kontrollneurose hat, aber muss sie sich denn einen Partner suchen, der noch nicht mal ein Viertel so groß ist wie sie?? Dass Aladdine auch noch ein Weibchen ist, hat sie offensichtlich ebenfalls noch nicht bemerkt.

06.01.2002

Die Gehirnerschütterung hatte Hector sich tatsächlich auch im Bad geholt, aber nicht beim Duschen. Damals war er von der Duschstange runtergeflogen. Ich war in der Küche und habe es somit nicht gesehen, aber ich glaube, dass er einfach etwas unsanft auf den Fliesen gelandet ist. Irgendwie ist er tatsächlich ganz schön unfallanfällig. Hoffen wir dass es bei diesen zwei Geschichten bleibt.
Der Unterteller ist wie so ein Hundtrichter, nur dass man ihn umgekehrt anlegt. Aber das will ich Hector wirklich nur im äußersten Notfall zumuten.
Nochmals danke für Eure lieben Besserungswünsche die ich alle an Hector weitergeleitet habe. Er busselt Euch alle ab und verspricht, sich mit der Heilung zu beeilen.

20.01.2002

Die Wunde verheilt langsam, aber stetig. Ich hoffe, dass ich in ungefähr zwei Wochen die Halskrause abmachen kann. Da ich am 26. für eine Woche verreise, bleibt die Krause so lange auf jeden Fall um, da es ihn trotz Babysitter immer ein wenig stresst, wenn ich nicht da bin. Das könnte ihn dazu anregen, wieder zu pulen.

Der ganze Stress hat leider sein Immunsystem geschwächt, sodass jetzt seine unteren Luftsäcke einen Pilzbefall haben. Dagegen wird er jetzt gerade behandelt. Man bin ich froh, wenn das mal alles überstanden ist!!!

Quax, der Bruchpilot. Nachdem Hector gestern auch noch unsanft von der Küchentür herunter gelandet ist, hat er jetzt zusätzlich eine Macke an der Schnabelseite. Die Navigation ist durch die Halskrause extrem erschwert. Mittlerweile trage ich Hector nur noch rum, aber da war ich ihm nicht schnell genug, leider. Glücklicherweise war es diesmal nichts Schlimmes, aber ich bin drauf und dran, ihn in Watte zu verpacken! <nerv!>

22.01.2002

Mittlerweile hat Hector Lily nicht nur aus ihrer Schlafbox, sondern auch von ihrem Lieblingsplatz auf dem Laptop vertrieben. Er nutzt sein Kranksein weidlich aus.

Während Hector durchaus bereit ist, seine Leckerbissen zu teilen, ist Lily da ganz anders. Gestern Abend knusperte Lily konzentriert an ihrem Leckerbissen und bemerkte nicht, dass Jazz sie gierig anstarrte. Plötzlich fasste er sich ein Herz, marschierte entschlossen an Lily vorbei und klaute ihr im Vorbeimarsch mal eben das Leckerli direkt aus ihren Krallen. Der Kleine hat echt Mut! Da Lily aber so lieb war und Jazz trotz Diebstahl nicht verprügelt hat, bekam sie auch gleich einen neuen Leckerbissen.

23.01.2002

Ich habe die Grauen einfach immer geclickt und belohnt, wenn sie die Agas ignorierten. Schlimmer als auf den Bildern wird's nicht, außer dass Lily sie von ihrer Lieblingsstelle auf dem Kletterbaum neben dem Sofa verjagt, aber ohne zu beißen. Sie rücken dann einfach ein Stockwerk höher. Andererseits habe ich Lily und Aladdine schon mal beim Schnäbeln erwischt.

4. Die Aras

31.01.2002

Wo fange ich am besten an? Vor einiger Zeit habe ich auf der amerikanischen Clickerliste eine Frau kennengelernt, die in Arizona wohnt. Sie hat vor nunmehr zwei Jahren einen Gelbbrustara, Nikita, adoptiert, der einer Frau gehörte, die schrecklicherweise an Magenkrebs starb.

Nikita war von Anfang an ein sehr verängstigtes Tier. Der Ehemann der Erstbesitzerin hat sich dem Vogel gegenüber wohl auch nicht so wirklich klasse verhalten, da Nikita insbesondere vor Männern große Angst hat. Aus der Vorgeschichte haben wir zum Beispiel zusammengestückelt, dass Nikita von ihm in den Vorgarten gestellt wurde, damit vorbeifahrende Leute sie angaffen konnten: in die pralle Sonne und vollkommen ungeschützt. Wir reden hier von Arizona. Wir denken, dass es daran liegt, dass sie so eine Angst hat, aus ihrem Käfig zu kommen. Denn Aus-dem-Käfig-kommen bedeutete wohl für sie in die Sonne gestellt zu werden, wo auch jeder an sie rankonnte. Ach ja, und der Käfig war beziehungsweise ist gerade mal zwei mal drei Fuß. Drei Fuß sind ein knapper Meter. Meine Bekannte hat erfolglos

versucht, Nikita in einen größeren Käfig umzusetzen. Seit der Vogel bei ihr ist, hat er auch noch angefangen zu rupfen. Besagte Bekannte hat versucht, ihm ein neues Zuhause zu finden, in dem Nikita vielleicht glücklicher sein würde. Aber das hat irgendwie nicht geklappt. Tja, und dann hat sie mich gefragt, ob ich möglicherweise Interesse dran haben könnte. Wir haben noch einige E-Mails hin und her geschickt, überlegt und auch telefoniert, aber dann war die Sache an sich klar. Also bin ich jetzt in die USA geflogen. Dort stellten sich die Dinge zunächst wesentlich schlimmer dar, als ich angenommen hatte. Nikita war nicht nur vorne, sondern auch hinten vollkommen kahl. Außerdem ist sie ziemlich bissig. Wohl weil sie sehr viel Angst hat.
Mittlerweile bin ich seit vier Tagen hier, und es wird langsam besser. Aber am Anfang konnte ich nicht in ihre Nähe kommen, ohne angegriffen zu werden. Dann waren wir gestern bei der Tierärztin für das Gesundheitsgutachten, das wir brauchen, um Nikita nach Deutschland einführen zu können. Da hat sie sich ausgiebigst von mir trösten lassen. Saß auf meinem Arm und Schoß, ließ sich Kraulen, aufs Köpfchen küssen usw. Was für ein Hochgefühl! Abends, als ich an den Käfig kam, hat sie mich dann wieder attackiert. Aufgrund des schönen Erlebnisses am Vormittag, bin ich leider etwas unvorsichtig gewesen, eigentlich sogar ziemlich, und habe dabei fast mein Auge verloren. Ihr unterer Schnabel traf hart auf meine obere Wange. Mit dem oberen Schnabel hat sie meine Netzhaut getroffen. Glücklicherweise war der Abstand genau so groß, dass sie die Netzhaut nur getroffen hat, aber nicht zubeißen konnte. Tat auch so weh

genug. Aber es ist glücklicherweise nichts passiert. Wenn ich näher dran gewesen wäre, hätte sie mir mein Auge aus dem Kopf „schälen" können. Brrrr ... schlimmer Gedanke! Habe dann auch sofort mit Clickertraining angefangen. Am Ende des Abends war sie soweit, dass sie sich sogar ein paar Schritte bewegt hat, um an den Targetstick heranzukommen. Danach haben wir auch noch ein bisschen gespielt. Sie taut sichtlich auf, aber nutzt immer noch unachtsame Momente, um ordentlich zuzubeißen. Ist mir dann tatsächlich noch mal passiert. Und das mir, die immer predigt, man solle sich nicht beißen lassen. <peinlich>
Heute haben wir die letzten Papiere noch zusammenbekommen, sodass Nikita jetzt ganz sicher mit nach Deutschland kommen wird. Außerdem hat sie sich von mir sogar ein paarmal im Käfig, ihrer Hochburg, streicheln lassen. Wir haben auch noch ein bisschen mit dem Targetstick geübt. Anschließend habe ich sie mit der Sprühflasche schön eingenebelt in der Hoffnung, dass es ihrer heißen, vermutlich juckenden Haut etwas Linderung bringt. Sie wurde bislang nicht geduscht, gebadet oder eingesprüht, sodass ich ziemlich große Hoffnung habe, dass dies helfen könnte. In Deutschland werde ich sie auch wie meine anderen Geier über kurz oder lang mit in die Dusche nehmen. Muss jetzt los – mehr folgt.

01.02.2002

Mit Nikita mache ich zurzeit gute Fortschritte. Sie lässt sich mittlerweile sogar im Käfig von mir am Köpfchen kraulen

und nuckelt an meinem Finger <Luft-anhalt-vor-Angst>. Wusstet Ihr, dass Papageien in der Zunge Knochen haben? War ganz verblüfft, als ich die Darstellung sah.
Duschen wird auch ganz gut ertragen. Dafür, dass sie seit mindestens zweieinhalb Jahren nicht geduscht wurde, steckt sie die Sprühflasche ganz gut weg. Allerdings muss ich nach oben sprühen. Wenn ich die Flasche auf sie richte, bekommt sie Panik. Die Vermutung liegt nahe, dass sie per Sprühflasche bestraft wurde. Manche Menschen, grrrrrrr!!!!!!!!!
Inzwischen haben wir leider mit dem Papierkram etwas Ärger. Die deutschen Originale sind immer noch nicht angekommen. Ich hatte mit einem ganz lieben Kollegen vereinbart, dass er mir die Papiere zum Flughafen bringt. Obwohl ich das Fax vom Bundesamt für Naturschutz bereits am Dienstag bekam, war bei ihm immer noch nichts in der Post. Panik!!!!!! Er hat jetzt einen Komilitonen gebeten, parat zu stehen, um die Papiere in Bonn heute abzuholen. Bitte ganz doll Däumchen drücken!!

Nikita ist fünf bis sechs Jahre alt.

04.02.2002

Die Originalpapiere sind nicht rechtzeitig angekommen. Aber siehe da, als ich beim Zoll ankam, stand da keiner. Also habe ich tief Luft geholt und bin mit der Kleinen einfach durchmarschiert. Phew … Glück gehabt. Aber ich hatte

ja eine Faxkopie der Papiere dabei. Im schlimmsten Fall hätte man sie beschlagnahmen können und mir unter Verfügungsverbot aber sofort wieder überlassen, meinte die Dame vom Amt. Ich bin aber trotzdem froh, dass ich das nicht testen musste.
Soeben rief mich die nette Dame vom Amt an und sagte mir, dass der Brief trotz richtiger Adresse (!) an sie zurückgegangen sei. Ja, ja, die deutsche Post. Dann gab sie mir die Telefonnummer vom Zoll, mit dem sie schon mal vorab für mich gesprochen hatte. Ich soll die Papiere nachreichen, sobald sie da sind, und Nikita dann auch ordnungsgemäß anmelden.
Wegen Quarantäne: Wenn man einen Papagei als Haustier mitnimmt, braucht man keine Quarantäne, solange man ein Schreiben vom Amtstierarzt hat, das besagt, dass das Tier gesund ist und im Bestand, aus dem das Tier kommt, in den vergangenen 30 Tagen keine ansteckenden Krankheiten gemeldet wurden. In diesem Fall war das die Tierärztin mit Stempel vom US Department of Agriculture. Das war überhaupt kein Akt, da ich Nikita ohnehin ordentlich habe durchchecken lassen, um meine Süßen nicht zu gefährden.
Daheim ging der Stress dann los. Nikita, die ja nur im Käfig sitzen gewohnt ist, marschierte schnurstracks sofort in den Käfig der Grauen. Diese sind ja, wenn ich zu Hause bin, nie im Käfig. Das passte Hector überhaupt nicht, da das ja sein Käfig ist. Er ist also reingegangen und hat sie angegriffen. Sie hat sehr verängstigt reagiert, also auch nicht etwa versucht zurückzubeißen. Er aber ist richtig auf sie los. Um sie zu schützen, habe ich sofort meine Hand

dazwischen gehalten. Was hätte ich auch sonst tun können? Dabei habe ich von Hector, der wirklich nie beißt, selbst bei der Tierärztin nicht, wenn wir ganz gemeine Dinge mit ihm anstellen (!), einen Riesenbiss abkassiert. Der war so stark, dass er durch den Fingernagel durchging. Das tat so weh, dass ich richtig losgeheult habe. Hector tat es dann sooo leid, dass er ganz schmusig und süß mit mir wurde. War halt keine Absicht. Es hatte ja Nikita gegolten.
Nikita macht sich supergut. Sie hat sich ausgiebigst von mir streicheln lassen und sich alle Pin Feathers (wie zum Kuckuck nennt man die in Deutsch? Die neuen Federchen, die noch in einer Hülle stecken?) am Kopf und Hals aufdröseln lassen, was sie sichtlich genoss. Sie hat auch wieder ausgiebigst an meinem Finger herumgenuckelt und dabei diese Baby-fütter-Bewegungen gemacht. Wir haben auch noch ein bisschen mit dem Targetstick geübt. Zum Schluss hatte ich sie so weit, dass sie im Käfig, was sie vorher nur mit Bissen quittiert hatte, ein Füßchen auf meine Hand setzte und sogar das Gewicht ein wenig verlagerte. Sie hat dann auch im Grauen-Käfig geschlafen. Allerdings musste ich sie heute Morgen da rausbugsieren, um die vorwitzigen Grauen für den Tag einzubuchten, da das Vogelzimmer noch keine Tür hat. Da sie im Käfig nicht auf die Hand kommt und ich wirklich Zeitdruck hatte (hechel, hechel ...), wollte ich sie kurzerhand mit dem Handtuch fangen und rausholen, wie es die Vorbesitzerin immer gemacht hat.
Nicht optimal, ich weiß, aber einmal mehr ist kein Beinbruch. Zu meinem großen Erstaunen ist sie dann aber problemlos, sogar ohne Schnabeltest, auf meine (behandtuchte)

Hand aufgestiegen. Sie wusste wohl, entweder freiwillig oder mit dem Handtuch gefangen werden. Da schien ihr das Aufsteigen wohl das kleinere Übel zu sein.
Noch etwas, was mich sehr erstaunte, war ihre Reaktion auf ihren „Freund". Sie hat so eine dicke zweifarbige Plastikkette, die sie quasi als Sicherheitsdecke benutzt. Sie hat diese Decke in USA in ihrem Käfig gehabt. Angeblich ist sie ihr „Freund", den sie zur Sicherheit über ihren Rücken drapiert. In Amerika hat sie sich oft ganz nervös heftig an ihren Krallen gezogen und war, wenn sie im Käfig war, auch gerne mal bissig. Gestern habe ich also ihren „Freund" in den Käfig gehängt, wo er hingehört. Siehe da, plötzlich zog sie wieder ganz nervös an ihren Krallen und hackte auch wieder nach mir, wenn ich die Hand in den Käfig steckte. Wenn sie nur versuchen würde, nach mir zu hacken, hätte ich gedacht, dass sie bloß versucht, ihren Freund zu verteidigen. Aber das Zupfen? Also habe ich den Freund wieder entfernt, und alles war wieder in Ordnung. Sie entspannte sich sichtlich. Ist der Freund vielleicht ein Feind? Hat sie etwa jahrelang aufgrund eines Missverständnisses einen Feind im Käfig gehabt? Ich wünschte, ich könnte in ihr Köpfchen schaun, die Arme. Heute Morgen habe ich sie noch mal dick eingesprüht. Auch das war mit ruhigem Zureden dann ganz in Ordnung.
Etwas nervös bin ich, dass sie sich, während ich heute außer Haus bin, selbstständig machen könnte, da sie im Kletterbaum sitzt. Bisher hat sie sich noch nie frei herumbewegt. Sie nagt auch überhaupt nicht, aber wer weiß. Hoffentlich jagt sie die Putzfrau nicht, die heute kommt. Man bin ich

froh, wenn ich die Tür im Vogelzimmer habe. Ganz schön suboptimal das Ganze im Moment.

Danke für die Runde Mitleid. Es tut gut und auf jeden Fall besser als hämisches Lachen. Vielleicht hat sie vor dem Feind nur soviel Angst, dass sie unruhig wird. Vielleicht hat sie am Anfang gegen ihn gekämpft und gemerkt, dass es nichts bringt und erträgt ihn jetzt einfach. Allergie gegen ein Plastikteil halte ich für unwahrscheinlich.
Was ich heute Abend erlebe, wenn ich heimkomme? Mein Bett. Acht Stunden Zeitunterschied sind wirklich nicht ganz ohne. Ich gehe auf dem Zahnfleisch!!

05.02.2002

Bin immer noch fix und fertig. War heute den ganzen Tag unterwegs. Morgen bin ich über Nacht auf Geschäftsreise. Glücklicherweise habe ich einen Babysitter für die Kleinen. Als ich gestern nach Hause kam, hatte Nikita sich zum Tisch rübergehangelt. Dort saß sie auf der Kante und hatte sich offensichtlich über die Schale mit geschälten Walnüssen hergemacht. Ihr Kropf war so dick wie meine Faust. Das kleine Schweinchen. Leider hatte sie den Wassernapf nicht gefunden. Zumindest hat sie dann später sehr viel getrunken – wie das noch in den Kropf reinpasste –, sodass ich heute überall Wassernäpfe hingestellt habe, um es ihr leichter zu machen.

Heute Abend lief das Training ganz ausgezeichnet. Sie ist mehrmals auf meine Hand im Käfig aufgestiegen. Ich habe sie sogar ein paarmal aus dem Käfig herausgehoben, um ihr ihre Belohnung zuzustecken. In Anbetracht der Tatsache, dass sie vor einer Woche noch Panik hatte und zubiss, wenn ich die Hand in den Käfig hielt, bin ich superstolz auf die Kleine. Außerdem hat sie, glaube ich, die letzten paar Tage nicht oder zumindest weniger gerupft, sodass einige neue Federn in zartem Flaum auf der Brust sprießen. Dolle Sache. Hoffentlich hält es sich. Ich muss noch packen und endlich mal schlafen.

06.02.2002

Nikita ist am Rücken leider auch kahlgerupft und oben an den Schwingenrändern so zwei bis drei Zentimeter breit ebenfalls. Außerdem wächst ihr Oberschnabel seitlich raus. Das liegt wohl daran, dass der Oberschnabel schief ist. Wieso er schief ist, wissen wir allerdings nicht. Möglicherweise kam das durch Fehler bei der Handaufzucht. Hatte ich erwähnt, dass Nikita eine Handaufzucht ab Ei ist?
Ein lieber Mensch, hat Nikitas Schnabel noch vor unserer Abreise abgeschliffen. Er ist der Ansicht, dass sich das mit der Zeit richten könnte, wenn man ihn gut geschliffen hält. Und wenn er erst einmal wieder gerade ist, schleift sich das dann, zumindest in der Theorie, von selbst nach. Als ich sie zum ersten Mal „live" sah, habe ich mich schon ganz schön erschreckt. Irgendwie sieht alles wesentlich schlimmer aus, als auf dem Bild. Aber das kriegen wir schon noch hin.

07.02.2002

Gerade kam ich nach Hause. Ich war über Nacht weg, und siehe da die zarten Sprieße sind aufgeblüht. Nikita hat jetzt ein paar Flaumfedern auf der Brust – hurraaahhh!!

11.02.2002

Ein Schritt vorwärts – und wieder zurück – und dann doch wieder vorwärts.
Vorgestern Nacht hat Nikita die Flaumfedern oben auf der Brust wieder alle ausgerupft. Die Federchen unten am Bauch hat sie aber wenigstens stehen gelassen. Wenigstens ein Anfang. Und jetzt kommen die auf der Brust auch wieder nach.
Ich habe gestern Morgen mit mehreren Züchtern telefoniert, da ich ja einen Partner suche. Ein paar gute Tipps habe ich dabei bekommen, zum Beispiel Essig ins Duschwasser zu geben. Mit überwiegender Mehrheit wurde mir auch gesagt, dass ich Nikita, da sie so wahnsinnig verschreckt ist, besser mit einem Jungvogel als mit einem gleichaltrigen Vogel zusammensetze. Diese Meinung hatten nicht nur Züchter, die einen Jungvogel loswerden wollen, sondern auch „unbeteiligte". Mal hören was Nikita dazu sagt. Ansonsten, hackt sie jetzt so gut wie gar nicht mehr und ist Freitagmorgen ganz von alleine, ohne Clicker und Targetstick, auf meinen Arm gekommen. Am Samstag und Sonntag haben wir schön weiter geübt.

Es tut mir leid, dass bei Deinem Ara Charlie leider nichts mehr zurückwachsen wird. Ich hoffe sehr, dass das bei Nikita nicht zutrifft, obwohl mir jeder sagt, dass es unendlich schwer für einen Ara ist, sich das Rupfen wieder abzugewöhnen. Also fleißig weiter Däumchen und Krällchen drücken. Ich bin auf meiner Suche nach einem Freund für Nikita jetzt wahrscheinlich fündig geworden. Es gibt da ein Hähnchen, das als Ei bei der versuchten „Schlupfhilfe" seiner Eltern etwas in Mitleidenschaft gezogen wurde. Der Züchter sah, dass das Ei ein etwa pfenniggroßes Loch hatte, raubte es den Eltern und pulte es vorsichtig mit der Hand auf. Dann legte er den Kleinen wieder zu seinen Eltern zurück, die ihn dann anschließend tatsächlich vier Wochen lang fütterten. Den Rest der Aufzucht vollbrachte dann der Züchter.
Leider hat der kleine schon im Ei durch die Hackerei seiner Eltern ein Stück des Oberschnabels – wächst vielleicht wieder nach, hoffentlich – und eines hinteren Zehs – keine Chance –, eingebüßt. Aber ansonsten ist er quietschfidel und seit Dezember mit den anderen Vögeln in einer Voliere. Da die Leute aber ganz perfekte Tiere wollen, ist der Züchter bereit, ihn mir günstig abzugeben.
In ein paar Wochen werde ich ihn mir anschauen fahren. Wenn er mich nicht gerade hasst, werde ich ihn wohl auch sofort mitnehmen. Dann kommt er allerdings erst zur Tierärztin für alle Tests und Quarantäne, da ich es nicht riskieren will, irgendwas bei mir einzuschleppen. Habe hier in letzter Zeit wirklich genug Horrorstorys gelesen.
Witzig war, dass der Züchter mir ganz stolz schilderte, dass der Ara so zahm ist, dass man ihm den Finger in den

Schnabel stecken kann. Da musste ich fast lachen, denn das mache ich mit Nikita auch. Wie schnell man den Weg, den man schon gegangen ist, wieder vergisst, huh?! Es ist so schlimm, dass ich befürchte, dass sie irgendwann meinen Finger verschluckt.
Ach ja, noch was. Ich brauche Vorschläge für den Namen für Nikitas Freund. Mir fällt immer nur Crustchof (das ich noch nicht einmal richtig buchstabieren kann!) ein, und so nenne ich ihn garantiert nicht!!!

13.02.2002

Einfach unglaublich!!! War Montag und Dienstag auf Reisen. Dann hatte der Flieger auch noch Verspätung gestern Abend – grmpfpf!! Aber dann als ich gegen 10:00 Uhr endlich nach Hause kam, wurde ich nicht nur von den Grauen, sondern auch von Nikita freudig begrüßt. Was dann geschah, war einfach unglaublich!
Wenn Hector irgendwo hingetragen werden will, dirigiert er mich immer mit leisem Quiecken und gezielten Blicken. So auch gestern Abend, bis ich raushatte, dass er auf den Tisch wollte, wo die Clickertraining-Sachen herumlagen. Er ging auf den Tisch, lief ganz gezielt zum Targetstick, kniff hinein und blickte mich erwartungsvoll an. Alles klar, er wollte Training.
Also setzte ich Lily und ihn in den Kletterbaum neben dem Ara-Käfig und fing an. Nikita saß oben auf dem Käfig. Ganz schnell war auch sie bei der Sache und krabbelte ohne weiteres Getue auf meinen Arm. Dort wollte sie dann gar nicht

wieder runter. „Auch gut", dachte ich. War ohnehin müde. „Dann fördere ich halt das Zusammensein aller Geier, indem ich sie einfach fett belohne." Hielt also in meiner Hand unzählige Pinienkerne von denen alle drei zusammen naschen durften.
Nachdem das Soll für mindestens drei Wochen erfüllt war, wollte ich Schluss machen. Doch Nikita wollte weder in, noch auf den Käfig zurück. Ihr erinnert Euch, dies ist der Vogel, den man noch vor zwei Wochen nur mit dem Handtuch aus dem Käfig herausbekam! „Auch gut", dachte ich. „Man muss ja flexibel bleiben. Gebe ich ihr doch einfach jetzt die längst überfällige Hausführung." So nahm ich sie und alle Grauen mit ins Wohnzimmer. Dort saßen wir gemeinsam auf dem Sofa, wo – Nikita auf meinem Unterarm, je ein Grauer auf jeder Schulter – alle noch ein paar Leckerbissen bekamen.
Dann wollte Hector runter, um ins Bett zu gehen. Es war ja auch schon 11:00 Uhr. Ich folgte ihm mit Nikita und Lily ins Schlafzimmer, wo ich Nikita erst mal aufs Bett setzte. Dort schmiegte sie sich an mich und ließ sich durchstreicheln, Lily auf der Schulter knurrte abwechselnd, ließ sich aber auch nur zu gerne kraulen. Es ist halt IHR Bett.
Dann kruschtelte ich noch ein bisschen herum. Währenddessen erkundete Nikita das Bett. Dabei schaute sie auch immer wieder ganz neugierig auf den Boden. Also habe ich sie wieder auf den Arm genommen – sie stieg sofort auf! – und setzte sie auf den Boden. Dort erkundete sie auch ein wenig. Mir war gesagt worden, dass sie nie auf den Boden geht. Offensichtlich hat man vergessen, es ihr

auch zu sagen. Sie blinzelte neugierig in Hectors Schlafbox beziehungsweise Lilys, da er mal wieder ihre Box an sich gerissen hatte, und kam dann wieder zu mir.
Ich nahm sie hoch und setzte sie in den Käfig im Vogelzimmer. Von dort krabbelte sie wieder aufs Dach. Während ich mich abschminkte, Zähne putzte etc. brabbelten wir hin und her. Sie spricht nämlich ein wenig. Das macht sie immer, wenn sie Aufmerksamkeit haben möchte. Also ging ich wieder zu ihr hin. Sie stieg sofort wieder auf meinen Arm. „Nun ja", dachte ich, „vielleicht will sie ja lieber im größeren Grauen-Käfig nächtigen." Bevor ich hier mit faulen Tomaten beschmissen werde: Ihr erinnert Euch, dass an ihrem Käfig die ganze Vorderseite fehlt. Sie hat eigentlich permanent „Freiflug", nur dass sie bisher nie aus ihrem Käfig heraus wollte. Selbst mit Leckerbissen war da wenig zu machen.
Also trug ich sie zum Grauen-Käfig und setzte sie rein. Sie drehte sich um und griff sofort meinen Arm mit ihrem Schnabel, zog ihn zu sich und stieg wieder drauf. Hmmmm … Fehlanzeige. Da ich jetzt aber mittlerweile wirklich k.o. war, habe ich sie kurzerhand auch mit ins Bett genommen. Zuerst saß sie links von mir. Nachdem Lily einige Angriffe mit gesträubten Federn versucht hatte, um den, zumindest für sie, unerwünschten Gast zu vertreiben, ich ihr gut zuredete und sich schlussendlich alle wieder beruhigten, machte ich das Licht aus.
Lily krabbelte blitzschnell unter die Decke und kuschelte sich in meine Arme, wo sie die Nacht verbrachte. Nikita erkundete das Bett, saß irgendwo am Fußende, wanderte weiter, bis sie heute Morgen auf der rechten Kante des Kopfendes

saß. Um eventuellen „bodenständigen" Fragen zuvorzukommen: Nein – sie ist nicht stubenrein. Das nächste Mal werde ich sicherlich eine olle Decke unterlegen! Aber all das hatte ich ehrlich gesagt noch lange nicht erwartet.

Heute Morgen saß sie auf meinem Unterarm, Lily auf meiner Schulter, während ich das Geieressen zubereitete – Hector schläft immer, bis ich ihn gewaltsam aus den Federn schmeiße. Das war ganz schön unpraktisch beim Schnippeln! Irgendwann überzeugte ich Nikita dann auch davon, auf meine Schulter umzusatteln. Später setzte ich sie dann auf den Käfig und ging zur Arbeit.

Ist das nicht vollkommen irre von einem Papagei, der vor zwei Wochen noch jedesmal ausrastete, wenn ich ihm im Käfig zu nahe kam???? Ich weiß gar nicht, wie ich meine Gefühle, Begeisterung etc. schildern soll, ohne vollkommen durchgeknallt zu wirken. Aber es ist doch einfach unglaublich, oder?

Lach. Ja ich habe glücklicherweise ein riesengroßes Bett. California King Size heißt das. Kannst Du Dir vorstellen, wie ich mich gefreut habe, huh??!!!

Die Agas mögen Nikita. Ich überrasche sie des Öfteren, dass sie ganz nahe bei ihr sitzen, obwohl sie immer wegfliegen, wenn ich reinkomme. Das machen sie nicht (das Wegfliegen, meine ich), wenn sie bei den Grauen sitzen. Wahrscheinlich tönt der Hohn ob ihrer Mesalliance mit Lily noch immer in Aladdines Ohren.

Hectors Krause habe ich kurzerhand letzten Donnerstag entfernt. Mann, hat der sich gefreut. Jetzt sind Hector und Lily auch wieder lieb miteinander. Gestern haben sie ausgiebig geschnäbelt. Nachdem ich heute Morgen seine hochgewürgten Pinienkerne banausenhaft verschmähte, da bin ich halt eigen, hat er kurzerhand Lily damit gefüttert. Phew – Glück gehabt. Öh, so richtig klitzeklein wird das bislang noch immer namenlose Projekt wohl eher nicht sein. Er ist jetzt zehn Monate alt … hmmmm.
Aber Du hast recht, logistisch habe ich diese Situation wahrlich nicht im Griff. Wahrscheinlich sollte ich mir einfach einen tierliebenden Freund zulegen, sodass wir jeweils zwei Geier im Schichtbetrieb streicheln können. Keine Ahnung. Ich denke mal ich werde jetzt anfangen, Einzelstunden im Training zu machen. So kommt nichts vom Fleck, da alle auf den kleinsten gemeinsamen Nenner gebracht werden. Ara auf dem Kopf wäre vermutlich gut für die Haltung – statt Buch …

Ja, ja, lach nur! Ich verdräng das alles erst mal. Immer noch die einfachste und beste Lösung für Probleme dieser Art. Das Duschproblem ist mir heute Morgen schon gekommen. Vielleicht kann ich die Geier ja übereinander stapeln??? Deine Idee für die erste Trainingsstunde? Super. Ha. Ha. Ha. Hast Du sonst noch konstruktive Vorschläge jedweder Art, die Du mit uns teilen möchtest??? Vielleicht sollte ich einfach Eintrittskarten verkaufen.

14.02.2002

Es waren ja nur zwei im Bett. Die Vermieterin weiß mittlerweile von Hector und Lily, aber alle Mitmieter sind wunderbar und spielen mit. Seit gestern kann Nikita auch „High-Five" und „Händeschütteln“. Das hat sie sich blitzschnell einfach beim Grauen-Training abgeguckt. Ganz schön smart die Kleine. Mit Schokolade bin ich eigentlich fast immer sehr gut zu bestechen. Ich bräuchte noch ein par nicht politisch angehauchte Namensvorschläge für das Projekt. Danke für Lob und Zuspruch. Das hilft!!!

Ja, irre, oder? Das hätte ich mir nie träumen lassen, dass das so gut und vor allen Dingen so schnell geht. Sie gibt jetzt außerdem auch noch auf Kommando Küsschen. Wenn ich ein paar Hände mehr hätte – Ihr wisst ja, Clicker, Targetstick, Leckerbissen, irgendwelche Geier auf Arm und Schulter … – würde ich Euch mit Bildern überhäufen.
Am Wochenende bekomme ich hoffentlich eine Tür in mein Vogelzimmer (bislang als Esszimmer bekannt) gebaut, sodass die Zeit nur für Vogelzimmerbasteleien draufgehen wird. Das Wochenende drauf hole ich wahrscheinlich Salsa II, bisheriger Projektname, dazu.

15.02.2002

Ich bin wahnsinnig müde!!! Gestern war wieder eine Nikita-und-Lily-im-Bett-Nacht: Lily, die immer noch auf Nikita

eifersüchtig ist, saß unter der Bettdecke auf meiner Brust. Nikita kuschelte mit meiner Hand und benagte diese zart, bis sie dann eeeeendlich einschlief. Heute Morgen durfte ich dann um 5:30 Uhr aufstehen, weil ich einen Flieger erwischen musste, hatte den ganzen Tag Meetings und bin erst um 21:00 Uhr wieder zu Hause gewesen. Will schlaaaafen!!! Aber heute Morgen war Nikitas erster Mit-uns-in-der-Dusche-morgen. Davon wollte ich Euch noch schnell berichten. Nikita saß auf der Badablage, Lily und Hector eine Etage höher. So richtig klasse fand Nikita es (noch) nicht, hat es aber eigentlich ganz gut geduldet. Nur ab und zu hat sie recht laut vokalisiert – die armen Nachbarn – und das um sechs in der Früh.
Gestern Abend haben wir auch nicht geübt, sondern nur alle zusammen auf dem Sofa rumgegammelt und gaaanz viele Mandeln gefressen.
Außer den zart nachwachsenden Flaumfedern kann man jetzt auch schon ein paar gelbe und blaue Deckfedern erkennen. Ich hoffe bloß, dass sie die auch „stehenlässt" bei ihren Frisierversuchen!
Ansonsten weitere schlechte Nachrichten über Hector. Er hat jetzt nämlich so einen ganz seltsamen Hautausschlag bekommen. Beide Tierärzte, denen ich das telefonisch beschrieb, tippten auf Streptokokken. Meine Tierärztin ist so lieb und macht morgen die Praxis auf, damit ich ihn zu ihr bringen kann. Aber leider sagt sie, dass ich mich drauf einrichten soll, falls es das wirklich ist, dass Hector erst mal dableiben muss, da er dann täglich Antibiotika gespritzt bekommen muss – der Arme. Gleichzeitig muss er dann

natürlich ein Antipilzmittel bekommen. BeneBac wird er wohl auch kriegen, damit er nicht vollends schlappmacht.
Da die Streptokokken ansteckend sind, werde ich morgen wohl erst mal alle Käfige, Schlafboxen etc. desinfizieren dürfen. Die anderen haben glücklicherweise nichts abgekriegt bisher. Hector mit seinem doch ziemlich angeschlagenen Immunsystem scheint von sämtlichen vorbeifliegenden Pilzen, Bakterien und Viren leider als billiges aber komfortables Hotel angesehen zu werden.
Tja, was kann man dazu noch sagen. Versuche mich aufs Positive zu konzentrieren, davon gibt es ja genug, sonst bekomme ich noch den Megafrust.

17.02.2002

Die beiden Agas sind zwei rechte Clowns. Eben saßen sie zusammen in Nikitas Fressnapf, und sie schaute zu. Kaum war einer raus, fraß sie mit. Sie ist wirklich rührend mit den beiden. Droht ihnen nicht, scheucht sie nicht, macht rein gar nichts.

19.02.2002

Gestern haben wir „Kuckuck" unter der Decke gespielt.
Das war so: Nachdem Nikita und Lily sich auf dem Sofa den Bauch mit Aufzuchtbrei, Mandeln und Hagebutten vollgeschlagen hatten, habe ich mich komplett unter einer Decke versteckt. Dann habe ich den Rand immer so ein bisschen gelüpft, „Peekaboo" (die englische Version von „Kuckuck")

gerufen und dann die Decke ganz schnell wieder fallen gelassen. Nikita wurde auch ganz neugierig und hat den Kopf immer weiter unter die Decke gestreckt, wo sie natürlich jedesmal mit großem „Hallooooo“ und viel Begeisterung begrüßt wurde. Das fand sie offensichtlich ganz aufregend, und wir hatten beide viel Spaß dabei.

So richtig geübt habe ich seit Tagen nicht mehr <schäm>. Seit Hector bei der Tierärztin ist, fehlt mir doch die Motivation. Aber Spielen ist ja auch gut für die Beziehung. Heute war auch wieder ein Mit-in-die-Dusche-Morgen. Sie kräht in der Dusche zwar immer noch, reckt aber ihr Köpfchen mittlerweile hoch in den Duschstrahl, mit nach hinten gebeugtem Nacken. Fast menschlich sieht das aus.

Außer den Flauschies kommen jetzt auch ein paar Deckfedern nach. Ich habe aber den Eindruck, dass sie viel langsamer wachsen als die Daunen. Bezüglich Hector rief die-Tierärztin gerade an, es geht ihm schon viel besser, und ich soll mir keine Sorgen machen. Also schön weiter Däumchen drücken. Bezüglich Lily: Seit zwei Tagen ist ihr nächtlicher Lieblingsplatz unter der Decke, an meine Füße gekuschelt. Was sie da wohl so anzieht?

In punkto Namen bin ich noch immer total unentschieden. Salsa finde ich toll, nach dem dunkelroten Ara, den ich in den USA kennengelernt habe. Ich denke aber, dass es vielleicht unfair Salsa II gegenüber ist, weil man dann ja quasi doch eine gewisse Erwartungshaltung hat.

Die russischen Namen sind zwar schön für Menschen, so melodisch, aber mir fällt es im Moment schwer, im Geiste zum Beispiel „Alexeij Step-up” zu sagen. Außerdem habe ich bei einigen dieser Namen auch ganz konkrete Aussprechschwierigkeiten. Irgendwie „fließt" das nicht so richtig. Und Abkürzungen finde ich schauderhaft. Okay, etwas übertrieben, aber es ist doch schade, so einen schönen Namen zu verstümmeln.

Häää??? Wo kommt der Name denn her??? Das ist doch sicherlich nicht russisch, oder? Nikita wurde übrigens nicht russisch sondern nach „La femme Nikita" benannt. Ihr dürft also noch kreativer werden.

Hallo, das ist ja wie eine Lawine. Da ich kein Französisch spreche: nö.
Die griechischen Namen kann ich kaum lesen, geschweige denn aussprechen. Sorry – auch nö. Gut finde ich bisher Puschkin, Salsa, Benito, Aramis. Das erinnert mich an meinen großen Schwarm während der Schulzeit. An dem Aftershave dieses Namens habe ich mich fast totgeschnuppert. Alexeij und Varianten davon gehören zu meinen Lieblingsnamen. Die möchte ich aber nicht auf meinen Papagei anwenden.
Hector wird noch auf Viren getestet, da seine Immunschwäche uns doch etwas merkwürdig erscheint. Also muss er da bleiben, bis die Ergebnisse da sind. Allein schon, um die anderen zu schützen. Aber sowie sich sein Zustand

verbessert hat, haben wir berechtigte Hoffnung, dass es doch kein Virus ist. Bitte weiter Daumen drücken.
Hector schläft ja so gut wie nie im Bett. Nikita hat sich auf der Küchentür zwischengeparkt und will trotz aller Überredungskünste nicht runter kommen. Soviel zu dem Vogel, der nie aus seinem Käfig rauswollte. Also wird sie wohl dort die Nacht verbringen. Denn sie nur deswegen da mit dem Handtuch runterzuholen, halte ich für übertrieben.

22.02.2002

Als ich vor zwei Tagen nach Hause kam, saß Nikita auf der obersten Neonröhre meiner „Installation". <schluck-wenn die geplatzt wäre > Diese Vogellampen müssen noch an der Decke befestigt werden, da mir letzten Samstag die richtigen Dübel fehlten, die zum Ausklappen. Ich hatte diese Lampen, sechs Stück an der Zahl, vor einiger Zeit an einem Gitter übereinander montiert, das Ganze dann auf einem Stuhl vor den Grauen-Käfig gestellt, auf dessen Dach Nikita neuerdings den Tag verbringt. Sie muss vom Käfig heruntergeklettert sein, den Stuhl hoch und sich dann über die anderen fünf Leuchtstoffröhren hochgehangelt haben bis sie ganz oben saß. Was sie dort nur wollte? Vielleicht weil es so schön warm war?? Angst hat sie offensichtlich immer weniger. Wir spielen jetzt auch öfters auf dem Fußboden, und das morgendliche Duschen im Bad gehört auch schon zur Routine. Leider hat sie gestern je eine blaue und eine gelbe nachkommende Feder ausgerissen. Es stehen zwar noch etliche da, aber enttäuschend ist es trotzdem.

Ja, da hast Du recht, schlechte Angewohnheiten lassen sich selten von einem Tag auf den anderen ändern. Da Nikita sich aber so toll macht, ist man dazu geneigt, es allzuleicht zu vergessen. Leider muss ich ihr erst noch beibringen, mit Spielzeug zu spielen, was sie sicherlich ganz bedeutend von ihren eigenen Federn ablenken würde. Morgen ist der Verhaltens-Doc da. Mal schaun, was er zu ihr sagt.

25.02.2002

Nikita ist wirklich eine Tüftlerin. Sie dröselt gerne Knoten in Lederschnüren auf. Und als ich am Freitag nach Hause kam, hat die kleine Göre tatsächlich den Verschluss der Grauen-Käfigtür, eigentlich ein Patentschloss, dass die Grauen bisher noch nicht aufbekommen haben, aufgemacht und saß ganz zufrieden oben auf der geöffneten Käfigtür. Lily war allerdings noch im Käfig. Sie hat sich wohl nicht an Nikitas Riesenschwanz vorbeigetraut.
Am Samstag war mein Verhaltenstierarzt da. Wir haben beschlossen, dass Nikita lernen muss, richtig mit Spielzeug zu spielen und insbesondere auch darauf zu kauen, da sie ja diesen seitlich rauswuchernden Schnabel hat, der sicherlich weniger schlimm wäre, wenn sie ordentlich Holz kauen würde. Außerdem nimmt sie im Moment nichts in den Fuß. Naja, bis heute Morgen hatte ich sie so weit, dass sie, für Click und Leckerbissen natürlich, ein Holzstück und eine alte Klopapprolle, die an Schnüren hingen, mit dem

Schnabel schüttelte. Das Holzstück hat sie auch richtig in ihr Füßchen genommen und damit festgehalten. Zerbissen hat sie leider noch nichts.
Ferner haben wir am Wochenende, stundenlang auf dem Sofa sitzend, zusammen Klopapier geschreddert. Pappe schreddert sie noch nicht, aber das kommt noch.
Außerdem sagte der Verhaltenstierarzt mir, dass sie eine ganz unterentwickelte Brustmuskulatur hat. Also werde ich mal versuchen, sie zu Flug- und Kletterübungen zu motivieren. Gestern hat sie sich, auf dem Sofa sitzend, gerupft und dabei dann immer ganz laut geschrieen. Es tut offensichtlich richtig weh.
Ich musste mir wirklich die Zähne zusammenbeißen, um mir nichts anmerken zu lassen. Interessant war, dass sie dabei nicht die Federn an den Kielen ausgerissen hat sondern Strähnen aus den Kielen heraus, an denen dann auch sofort das Blut hochlief. Glücklicherweise stoppten diese kielinternen Blutungen aber ganz schnell, sonst hätte ich ihr diese Kiele auch noch ziehen müssen.
Sehr schade, aber zumindest wird der Flaum immer dichter, sie rupft also weniger, als es nachwächst. Hoffentlich hört sie irgendwann mal ganz damit auf.

26.02.2002

Danke für die guten Wünsche!
Damit hier nicht der falsche Eindruck entsteht, es waren drei Federn, die sie sich in meinem Beisein ausgerupft hat. Mein Schock bezog sich auf die Sache an sich und

ihre offensichtlichen Schmerzen. Es ist durchaus nicht so, als ob sie jetzt wieder kahler wäre. Im Gegenteil, sie wird immer flauschiger. Einige der neuen Deckfedern sind auch schon mehr als zwei Zentimeter lang. Schockierend war es aber trotzdem!
Andererseits ist es einfach unglaublich, wie verkuschelt sie ist. Gestern Abend saß sie auf meinem Schoß. Ihr Kopf ruhte mit halbgeschlossenen Augen auf meinem Bein, während ich ihren Flügel ganz „auszog" und die ganze Flügelmuskulatur, Spannhaut, Brust, Rücken usw. durchkribbelte. Dazu hat sie leise wohlig gestöhnt. Ein Bild für die Götter.

Danke! <freu, dass es Euch noch interessiert> Gestern Abend habe ich angefangen, mit Nikita Spielzeug-greifen-beißen zu üben. Lily saß auf meiner Schulter. Nach den ersten paar Clicks kamen auch sofort die Agas angesaust. Schlussendlich saß Lily auf meiner Schulter mit einer ganzen Kolbenhirserispe in ihrer Kralle. Beide Agas saßen auf meiner linken Hand, um unten an der Rispe mitfressen zu können, während ich mit der rechten Hand weiter mit Nikita übte. Ein Glanzstück der Koordination! Ach wenn mich doch nur meine alte Aerobic-Lehrerin so sehen könnte.

Nikita is sooo klug! Juchuh!! Yippiee! Als ich heute Abend nach Hause kam, lagen vom Übungsholzstück zwei Späne unten im „Käfig". Etwas später haben wir dann wieder Holzstück halten, damit spielen etc. geübt. Als ich eben das Vogelzimmer für morgen fertigmachte „erwischte" ich NIkita6zhkirv (oops, gerade ist mir Lily in die Tastatur geplumpst) dabei, wie sie das Holzstück tatsächlich im Fuß hielt und es genüsslich in Splitter zerlegte! Ist doch ein irrer Fortschritt, nachdem wir das erst seit vier Tagen üben und sie vorher jahrelang nix zerbissen hat und immer nur an einer Lederschnur genuckelt hat, oder?? Bin ja sooo stolz auf sie!

27.02.2002

Danke, Ihr Lieben. Es ist so schön, all dies Leuten erzählen zu können, die es auch interessiert. Die Kollegen im Büro stöhnen schon.
Am Samstag hat sogar der Trainer, der eigentlich mehr ein „Hundemensch" ist, endlich eingestanden, dass Papageien klüger sind als Hunde. <grins>

01.03.2002

Ja <ganz große Erleichterung>, Hector hat's gepackt, und der Virentest war auch negativ. Heute wird er abgeholt. Juchuhhhh. Nikita wird zum Schnabelabschleifen hingebracht und eventuell wird dieses Wochenende Salsa, Ariel, oder wie immer er heißen wird, hingebracht zwecks Tests und Quarantäne. <lach> Nicht alles, was von Amerika kommt, ist schlecht

02.03.2002

Das hat aber nichts mit der Erziehungsmethode zu tun. Mit Clickertraining kann man, wenn man es wollte, auch Fahrradfahren beibringen. Das sei jedem selbst überlassen, ob man das für sinnvoll hält. Hier geht es darum, wie man seinem Tier was beibringt, und zwar nur über positive Verstärkung, also gänzlich ohne Strafe.
Anderes Thema: War mit Nikita gestern beim Tierarzt. Es scheint alles vollkommen in Ordnung zu sein. Hector ist jetzt auch wieder daheim. <freu>

04.03.2002

Fünf gelbe Federn auf Bauch und Brust. Hoffen wir mal, dass Nikita die nicht wieder ausreißt. Hatte ziemlich Hektik am Wochenende, da ich an die tschechische Grenze gefahren bin, um Nikitas neuen Freund abzuholen. Bin jetzt sooo müde.

Ja, Ariel fand ich auch ganz klasse. Er ist der Luftgeist in Shakespeares „The Tempest", nicht dass ich das gelesen hätte. Die Idee kam von Yvonne, Nikitas Vorbesitzerin. Sie wäre dann natürlich Patentante geworden.
Aaaaber ... das Projekt ist so klein und zart, vermutlich wegen des lädierten Schnabels, dass Ariel, aber auch Salsa, Aramis und die ganzen anderen Namen gar nicht zu ihm passen. Jetzt warte ich erst mal, bis er zu Hause ist. Dann

wird schon eine Eingebung kommen, so wie bei meinen anderen Süßen auch. Hoffe ich.

06.03.2002

Neues zu Nikita: Sie hat vor ein paar Tagen zum ersten Mal eine Mandel in ihre Krallen genommen und so genüsslich gefressen. Vorher hat sie die Mandel immer erst zum Fressnapf rübergetragen und dort gefressen. Dinge in den Fuß zu nehmen, üben wir jetzt seit fast zwei Wochen. Auf der Brust hat sie immer noch die fünf gelben Deckfedern stehen, die immer länger werden <Luft-anhalt-und-Daumen-drück>. Und auf dem Rücken sprießt und wächst es auch. Das Auf-den-Arm-steigen wird immer einfacher und geht jetzt auch immer öfter von ihr aus. Sie zieht dann kurzerhand mit dem Schnabel den Arm an sich heran und steigt dann drauf. Ihre Ausdauer beim Sich-auf-dem-Sofa-wohl-mit-uns-fühlen steigt auch, sodass sie jetzt meist erst zum Schlafen in ihren Käfig zurück möchte.
Zum Duschen morgens steigt sie auch immer willig auf den Arm und tönt beim Duschen nur, wenn ich vergessen habe, sie zu warnen, bevor das Wasser sie trifft.
Heute Morgen habe ich sie zum ersten Mal am Fuß hochnehmen können. Schwer zu beschreiben. Ich hoffe, ihr versteht, wie ich das meine. Das üben wir jetzt seit circa vier Wochen. Zu Anfang war auch nur in die Nähe des Fußes zu kommen, ein Anlass, gebissen zu werden.
Im Großen und Ganzen wird in ihrem ganzen Verhalten sehr deutlich, wieviel Vertrauen sie jetzt schon gefasst hat.

Sie lässt sich mittlerweile auch von jedem, der in die Wohnung kommt, füttern. Sie hat auch niemanden mehr gebissen oder auch nur bedroht. Einige Fremde konnten sie sogar streicheln. Es ist wirklich schön zu sehen, wie entspannt sie wird. Eigentlich schreit sie auch nicht mehr. Außer heute Morgen, als ich vergessen habe Mandeln an alle zu verteilen, bevor ich die Tür des Vogelzimmers schloss. Da hat sie dann ziemlich rumgebrüllt. Ich wartete dann also im Flur bis sie aufhörte, bevor ich wieder reinging und meine Nachlässigkeit, oh, große Sünde, korrigierte. Als ich dann ging, war sie auch schön brav still.

Danke! Ja, „das Projekt" ist noch in Quarantäne, bis die Ergebnisse der Tests (PBFD, Polyoma, Psittacose) zurück sind. Montag vielleicht?? Etwas Aspergillose hat er. Diese wird jetzt schon mal behandelt. Aber das wäre ja nicht ansteckend.

07.03.2002

Gestern hat Nikita sich mithilfe einiger Haselnüsse dazu überreden lassen, beim Zubereiten des Abendessens auf der Küchenspüle statt auf mir herumzuhängen. Die offene Kühlschranktür mag sie auch. Außerdem hat sie sich gestern zum ersten Mal von Taillenhöhe, nämlich von der Küchenspüle aus, an mir hochgehangelt. Ein bisschen haben wir schon geschummelt: Ich habe mit der Hand ihren Popo ein bisschen hochgeschoben, damit es auch klappt. Sie wird zunehmend frecher und versucht beim Clickertraining immer an die Hand mit den Leckerbissen heranzukommen auch wenn sie nicht dran war beziehungsweise gerade dann. Ara mit Ziel vor den Augen, kann ich da nur sagen. Ganz schön hartnäckig die Kleine.

Hallo, Unfug und Lachen hält jung, oder?
Mit etwas Glück darf Nikitas neuer Freund am Samstag bei uns einziehen. Es hängt davon ab, wie sehr sich die Uni Leipzig mit den Tests beeilt. Wenn das nicht klappt, kommt er ganz sicher nächste Woche. Ich gehe davon aus, dass er keine schlimmen Erkrankungen hat. Aber man weiß ja nie.

Nikita auf der Schulter ist gaaanz schlecht, weil meine Schulter für sie nicht breit genug ist. Das ist ihre Meinung, nicht meine! Deshalb klammert sie sich mit ihren scharfen Krallen mit einem Fuß am Hals fest oder setzt sich direkt hinter meinen Kopf. Somit hat sie dann beide Schultern blockiert und mir den Nacken ausgerenkt. Den Grauen ist das dann doch ein bisschen zu nah an diesem kunterbunten, gar nicht grau elegantem Monsteremporkömmling.
Sitzt Nikita jedoch auf dem Unterarm, muss ich darauf achten, dass Lily auf derselben Seite wie sie sitzt, da Hector nach ihr beißt, wenn er auf der gleichen Seite sitzt. Aber er

beißt sie nur, wenn ich als Sitzstange diene. Überall sonst ist Frieden. Das ist schon alles recht ausgetüftelt und reglementiert. Hatte ich schon erwähnt, dass Hectorchen eine Buchhalterseele unter seinem Federjäckchen verbirgt?
Knabbert Hector meine Blusenknöpfe ab? Was für Knöpfe??
Zupfen Jazz und Aladdine gemeinsam an meinen Ohren? Bisher noch nicht. Aber sie zupfen gerne mal an den Haaren, wenn ich nicht schnell genug Hirse nachliefere. Aladdine setzt sich auch schon mal auf den Kopf. Da würden eigentlich auch beide draufpassen. Im alten Japan wurde Nachtigallenkot als edelste und superteure Gesichtscreme benutzt. Agapornidenkot ist sicherlich noch viel besser und edler als Haarpackung.
Sonst noch Fragen?

Nein, nein, nicht bei Aras, bei Agas. Bei den Mengen, die beim Ara anfallen, ist nichts Exklusives mehr dran.

10.03.2002

Bei Nikita wächst der Flaum zwischen den Beinchen jetzt bis fast zum Oberschenkelansatz hoch. Am Hals wächst der Flaum mittlerweile den Kropf runter. Es dauert halt. Außerdem sind die bislang noch nicht wieder ausgerupften fetten gelben Federn nicht zu übersehen. Am Rücken sprießen jetzt blaue Federn von mehreren Zentimetern Länge langsam nach.

Flugübungen macht sie jetzt auch täglich mehrfach unter viel Lob und Bewunderung meinerseits, was sie auch sichtlich genießt.
Gestern hat sie auch zum ersten Mal Brokkoli am Stück zerfleddert. Zuerst war sie ja doch etwas ungehalten ob des grünen Ungeheuers, dass ich ihr vor die Nase, ähem den Schnabel, hängte. Aber ganz schnell hatte sie heraus, dass ein Angriff mit Bissen auf dasselbige zu Click und Belohnung mit Sonnenblumenkernen führte. Dafür zieht man natürlich gerne in den Krieg gegen Brokkoli-Ungeheuer.
Das gleiche Spiel haben wir gestern Abend noch mit einem Stoffspielzeug auf dem Sofa geübt und heute Morgen mit einer Selleriestange. An letzterer konnte Nikita leider gar keinen Gefallen finden. Wohl doch zu gesund, bäh. Immerhin fand sie die Brokkolisache aber dann gestern doch so spannend, dass sie Aladdine, die sich daran gütlich tun wollte, nachdrücklichst vom Brokkoli verjagte.

Das Projekt wird, glaube ich, ein Jack sein. Zumindest habe ich meine Nachbarin, die soeben ihren süßen Borderterrierwelpen so benannte, gefragt, ob das okay sei – sie hat nur gelacht. Leider kann ich ihn erst aus der Quarantäne bei der Tierärztin holen, wenn die Testergebnisse zurück sind. Diese sind vor dem Wochenende nicht mehr angekommen. Das wäre ja der Idealfall gewesen, dann hätte ich erst mal zwei Tage lang beobachten können, wie sich das Ganze so anlässt. So wie es jetzt aussieht, werden die Testergebnisse wohl erst Montag oder Dienstag da sein. Und das bedeutet, dass Jack erst mal seine Tage im Käfig verbringen muss, während die anderen schön im Vogelzimmer rumturnen dürfen bis ich mir sicher bin, dass sie alle miteinander klarkommen. Naja, auch diese Zeit wird vorbeigehen.

11.03.2002

Die dumme Kuh hat gestern eine gelbe Feder ausgerissen!!!!! Vielleicht liegt es daran, dass sie am Wochenende nicht mitduschen konnte, da ich mir den Luxus gegönnt habe, an beiden Tagen ausgiebigst zu baden. Das ist ja auch eine Frechheit von mir. Heute Morgen war sie dann auch ein bisschen zickig drauf und hat nach meiner Hand gehackt. Hmmmm ... Vollmond???? Oder waren es die vielen Bananen gestern Abend? Muss mal genauer drauf achten.
Dafür hat sie sich gestern im Training selbst überwunden und ist mit ganz viel Mut vom Zweig auf den Käfig geklettert. Eine recht wacklige Sache, da der Zweig an einer Kette hängt und sie sich darum hangeln muss.
Anschließend hat sie gelernt, auf ein gespanntes Seil zu krabbeln. Wir haben jetzt mit „Agility-Training" angefangen, da ich nicht möchte, dass sie den ganzen Tag mehr oder weniger auf einer Stelle hockt. Sie ist so unsicher, was das Klettern betrifft. Erst hat sie kaum gewagt, das Seil mit dem Fuß zu berühren. Später ging es dann immer schneller. Zum Schluss ging sie sogar komplett drauf. Natürlich gab es jedesmal einen Sonnenblumenkerne-Jackpot. Dafür wird man dann schon mal ein wenig mutiger.

12.03.2002

Die Testergebnisse sind immer noch nicht da, also weiter Quarantäne, der arme Kerl!
Als ich gestern nach Hause kam, hatte Nikita sich alle gelben Federn am Bauch wieder fein säuberlich ausgerupft. <grumpf> Na wenigstens hat sie den Flaum stehen lassen. Vielleicht haben die Deckfedern etwas später eine größere Chance, wenn sie an den Stellen wachsen, wo der Flaum schon Fuß gefasst hat. Wenigstens sind keine der neuen blauen Federn am Rücken zum Opfer gefallen. Jetzt muss ich mal ganz schnell auf Holz klopfen.
Dafür hat sie sich gestern mehrfach aufs Kletterseil getraut und ist beim Training auch tatsächlich mehr als einen Meter weit darauf gelaufen. Etwas wackelig noch, aber immerhin. Chaotisch wurde es, da ich mit Hector gerade „Komm" übe und der auch immer angerast kam, sodass sich meine beiden Helden mitten auf dem Seil trafen, wo sie um meine mit Sonnenblumenkernen gefüllte Hand rangelten. Die Agas sind jetzt auch auf den Sonnenblumenkerne-Geschmack gekommen und kommen immer angeschwirrt, um sich ihre Belohnung abzuholen.

13.03.2002

Bin mal wieder unter Zeitdruck. Deswegen nur ganz kurz: Jack ist „sauber". Etwas Aspergillose hat er, aber das bekommen wir in den Griff. Er kommt morgen nach Hause.
Nikita ist wieder wie ein kleiner Engel. Keine Ahnung, was sie hatte. Klettert jetzt auch vom Arm aufs Seil und umgekehrt.

15.03.2002

Hectors Wunde ist immer noch deutlich zu sehen. Oh ja, und bei jeder Bruchlandung blutet sie auch noch ein wenig. Aber er wurde immer depressiver mit Halskrause und wurde dann auch ständig krank, sodass ich es nicht für richtig hielt, ihn bis zum vollständigen Abheilen in einen kleinen Käfig zu packen, damit er sich nicht bewegen und nichts aufreißen kann. Es geht ihm jetzt wieder so gut, dass ich das für wichtiger halte.

Der Züchter, von dem ich Lily abholte, meinte, er tut mir einen Gefallen, wenn er Hector, der ja beim Kauf in den USA schon gestutzt war, „nachstutzt" (Viel Geld für Sie beim Tierarzt gespart). Dadurch sind die Schwungfedern leider viel zu kurz geworden, sodass er ganz schön schwer zu Boden fällt. Er kommt nur im Verhältnis 1:1 weiter. Also für jeden Meter Tiefe kommt er nur einen Meter weiter. Das reicht natürlich für eine sanfte Landung inklusive Manövrieren nicht aus. Lily, die vom gleichen Züchter gestutzt wurde, kann trotzdem Fliegen und auch mittlerweile punktgenau landen. Dennoch werde ich erleichtert aufatmen, wenn das mal bei allen wieder rausgewachsen ist.

Nachdem alle Tests negativ zurückkamen, konnte ich Nikitas neuen Freund gestern endlich aus der Quarantäne bei

der Tierärztin nach Hause holen. Der Name Jack passt im Übrigen auch nicht zu ihm. Aber der Einfachheit halber werde ich ihn in diesem Bericht einfach mal so nennen. Irgendwann kommt mir schon noch die richtige Eingebung.
Also, Jack ist sehr schnell aus seiner Transportkiste über die Kletterspirale hoch ins Seilgewirr im Vogelzimmer geklettert. Dort hat er dann nach langer Zeit endlich mal wieder richtige Flatterübungen machen können. Diese verschreckten jedoch alle anderen so, dass sie sich auf einem Ast zusammenrotteten. Jazz floh sogar ins Wohnzimmer.
Jack hat einen lädierten Schnabel und völlig ramponierte Schwanzfedern. Toll ist, dass er absolut furchtlos ist. Das ganze Vogelzimmer und jedes Spielzeug wurden sofort erkundet. Alles inklusive meiner Armbanduhr wird mal probiert. Der Kleine muss allerdings noch lernen, wann er zu feste knabbert. Er hält nämlich gerne die Hand mit seinem Fuß richtig fest und kaut dann rabiat daran herum. Ich habe schon ganz schön mit ihm rangeln müssen, um sie wiederzubekommen. In Anbetracht der Tatsache, dass mein Handgelenk problemlos in seinen stummeligen Schnabel passt, kann man das nur als „Aua" bezeichnen. Habe jetzt mal angefangen ihm die Hand, deswegen das Gerangel, jedesmal wegzunehmen, wenn er anfängt etwas fester zu kauen. Außerdem habe ich gestern schon mal angefangen, den Clicker zu konditionieren. Dass die Trainingsstunde mit den anderen gestern Abend in einem heillosen Chaos endete, war wohl vorprogrammiert.
Jack ist aufgrund seiner Furchtlosigkeit sehr schnell zutraulicher geworden. Gestern ließ er sich ungern anfassen, außer

dass er am Finger leckte und knabberte. Aber vom Kraulen am Kopf habe ich mich jetzt schon so weit vorgetastet, dass ich ihm die Federhülsen am Kopf und Nacken aufdröseln durfte. Gerade hat er mich sogar kurz unter seinen Flügel gelassen. Verblüffend!
Geschlafen hat er im Kletterbaum, der im Fenster steht und dabei aus dem Fenster geschaut. Und heute Morgen als ich ins Vogelzimmer kam, saß er tatsächlich neben Nikita.

Soll Jack Nikita oder mir folgen? Ich habe nämlich auch keine Federn.
Der Käfig ohne Vorderseite ist Nikitas Schlaf- und Sicherheitsplatz. Bevor ich sie bekam, hatte sie jahrelang in einem viel zu kleinen Käfig gesessen, aus dem sie, so wurde mir gesagt, auch nicht rauswollte. So habe ich ihr diesen als Zufluchtsort gelassen. Mittlerweile, sie ist jetzt sechs Wochen bei mir, benutzt sie ihn eigentlich nur noch zum Schlafen.
Als ich Jack abholte, saß er mit einem eher aggressiven Gelbbrustara zusammen, gegen den er sich wegen seines kaputten Schnabels auch nicht wehren konnte. Deswegen ist er wohl auch so ramponiert.

Danke Euch allen für die Guten Wünsche!
Jack macht sich toll. Eben kam er freiwillig auf meinen Arm! Ich war am Telefon, und er meinte wohl, jetzt bräuchte

er endlich mal wieder meine Aufmerksamkeit. Lily flüchtet leider immer noch in Panik, sobald Jack seine Flügel hebt. Wie findet ihr „Inka" als Namen, wegen Herkunftsland Peru, oder so? Ich habe echt ein kreatives Tief, was Namen betrifft. Ich hoffe, dass Jacks Schnabel nachwächst. Wenn nicht, wird er eine Prothese bekommen. Angeblich geht das. Aber bisher sieht es eigentlich ganz gut aus, da der Schnabel offensichtlich durchblutet ist. Er hatte nämlich eine blutende Wunde am Schnabel als ich ihn zur Tierärztin brachte.
Beim Fressen behindert es ihn schon ganz schön. Er macht das so, dass er seine Zunge ins Futter steckt. Was dran kleben bleibt, wird gefressen. Nicht sehr effizient. Aber eben hat er genüsslich an einer Brokkolistaude geknabbert und einen Apfel hat er auch schon zerfetzt. War allerdings eher Spielzeug als Nahrung, was ich da so beobachtet habe.

Nikita? Und wie sie gerupft ist! Sie ist ja erst seit circa sechs Wochen bei mir. Hat sich aber schon toll gemacht!
Jacks Namen möchte ich ändern, weil er nicht so recht zu ihm passt. Alle möglichen lieben Helfer und ich haben ja schon an X Namen gedacht. Aber irgendwie passte keiner so wirklich. Na ja, schaun mer mal.

16.03.2002

Huch, so viele Fragen. Das Vogelzimmer ist vier mal fünf mal drei Meter hoch. Dort sind die lieben „Kleinen", wenn ich nicht da bin. Ansonsten gehört die ganze Bude ihnen. Wie ein Bekannter letztens bemerkte: „Aber Du lebst hier auch, oder?" Und ja, ich bin berufstätig. Und wie. Aber unter der Woche gehört mein bisschen Freizeit eben den Geiern. Sind eh lustiger als die Cocktailpartys der letzten paar Jahre zusammen (meine Ansicht).

Frech in der Tat. Jack krabbelt in Windeseile immer dorthin wo gerade Streicheleinheiten oder Leckerbissen verteilt werden. Und zur Not fliegt er auch. Allerdings kostet ihn das offensichtlich einige Überwindung. So richtig koordiniert ist es auch noch nicht.
Richtig gut verstehen Nikita und Jack sich leider noch nicht. Sie sitzen zwar zusammen, aber wenn er so richtig nah an sie rankommt, brät sie ihm gnadenlos eins über. Nichts zu sehen von dem eingeschüchterten Hühnchen, das ich vor ein paar Wochen zu mir nahm.
Lily ist gestern jedesmal, wenn Jack die Flügel streckte, panikartig in die Küche geflogen, um sich unter einem Regal zu verstecken. Es wird langsam besser. Aber etwas verkrampft ist sie schon noch, wenn er in der Nähe ist.
Hector hat sich heute Morgen wieder auf die Nase gelegt. Weiß leider nicht, wie das passiert ist. Aber als ich zuletzt rüberschaute, saßen Jack und Hector nah beieinander. Als Hector auf dem Boden landete, saß Jack genau dort, wo Hector zwei Sekunden vorher saß. Hmmm … Nun gut. Es sind ja erst zwei Tage.

Inka war der Anführer der Inka, einem hochentwickelten Volk in Peru. <empört schau> Ein wichtiger kriegerischer Mann!! Naja, seine Kriegsführung gegenüber den Spaniern war etwas schwach. Aber die hatten ja auch Pferde und … Genug davon.
Klein und zierlich ist Jack in der Tat nicht. Aber wenn Ihr mitbekommen hättet, wie er es geschafft hat, sich beim Sprühflaschenduschen den Flügel unters Bein zu klemmen und sich derart zu verheddern, dass er vom Käfig fiel. Oder wie er die Zunge aus dem Schnabel hängen lässt, wenn er gekrault wird. Es sieht vollkommen deppert aus.
Sind Euch irgendwelche richtig tollpatschige Engel bekannt, die „glauben", dass sie große Krieger sind??? Wobei ich natürlich nicht weiß, ob er wirklich glaubt, dass er ein wahrlich großer Krieger ist.

17.03.2002

Nikita hat sich heute wieder etliche Federchen ausgezupft. Was eigentlich natürlich ist. Aber wichtig ist, dass ich sie heute Morgen nicht geduscht hatte, weil sie nicht auf die Hand kommen wollte.
Die letzten beiden Male hatte sie auch genau an den Tagen gerupft an denen ich sie nicht geduscht hatte. Abspritzen alleine wie heute Morgen reicht offensichtlich nicht.
Sie sitzt übrigens, während ich dies schreibe, auf meinem Schoß mit meiner linken Hand unter ihren Flügeln und lässt sich genüsslich streicheln. Lily und Hector sind heute früh schlafen gegangen, das muss man ja auch ausnutzen.

18.03.2002

Heute hat Nikita auch brav wieder mitgeduscht. Jack hat die ganze Zeit geschrien – die armen Nachbarn! –, da er der einzige im Vogelzimmer Zurückgelassene war. Ich hatte gestern versucht, ihn im Bad abzusetzen, aber dafür reicht das Vertrauen noch nicht. Kommt schon noch.
Dafür hat er aber während des Staubsaugens versucht, in seinem Wasserschälchen zu baden, wo gerade mal sein Kopf hineinpasst. Das war wirklich ein Brüller, wie er versuchte, da rein zu klettern.

21.03.2002

Ich bin im Moment beruflich leider ziemlich eingespannt. Jack lebt sich gut ein. Er braucht und fordert aber extrem viel Aufmerksamkeit. Wenn man zu dicht an ihn herangeht, hangelt er sich sofort auf Arme, Hand oder Schulter. Selbst beim Geben von Leckerbissen bedarf es einer bestimmten Technik, sodass er sich nicht sofort an der Hand festkrallen und doch wieder auf den Arm steigen kann. Er fliegt auch hinterher. Aber das kostet ihn offensichtlich noch große Überwindung.
An sich ist ist es ja sehr schmeichelhaft, dass er immer zu einem hin will, auch wenn er da eher undifferenziert ist, jeder ist ihm recht. Aber es tut den anderen Vögeln nicht so gut, weil sie dann zu wenig Aufmerksamkeit bekommen.
Lily hat noch immer eine Höllenangst vor ihm. Sobald er die Flügel streckt, fliegt sie davon. Am Wochenende hatte ich Besuch von jemandem, der eine rote Jeans in der gleichen

Farbe trug. Da reagierte Lily genauso. Es scheint also tatsächlich an der Farbe zu liegen, was interessant ist.
Langsam wird es besser, aber ich kann ihr Herz ganz schön laut und schnell pochen hören, wenn Jack ihr zu nahe kommt. Jack ist außer auf Menschen auch ziemlich auf Nikita fixiert. Ist sie außer Sichtweite, schreit er ununterbrochen – sprich morgens beim Duschen, die armen Nachbarn!!! – bis sie wieder da ist. Das üben wir jetzt über Clickertraining. Also Nikita auf dem Arm, Jack Click und Belohnung. Nikita kurz aus dem Zimmer, Jack Click und Belohnung. So hoffe ich, allmählich den Abstand und die Dauer des fehlenden Sichtkontakts steigern zu können.
Außerdem übe ich mit Jack, dass er auf der Stelle sitzen bleibt. Ich möchte zu den anderen Vögeln hingehen, mich mit ihnen beschäftigen, mit ihnen trainieren können, ohne dass er jedesmal rüberflitzt, sich dazwischen drängt und alle in Panik versetzt. Er und Nikita hocken immer recht nah beieinander. Aber sobald Jack versucht, auf Tuchfühlung zu gehen, brät sie ihm eins über. Aber das kommt noch mit der Zeit. Es ist ja immerhin schön, dass sie immer beisammenhocken. In dem Vogelzimmer könnten sie ja schlussendlich auch in verschiedenen Ecken sitzen. Das tun sie nicht.
Die ganz Kleinen lieben die Großen. Oft sieht es so aus, als ob Mama Nikita, Papa Jack und die zwei Babys Aladdine und Jazz zusammenhocken. Schön bunt sind sie ja alle vier, sodass es sogar von den Farben hinkommen könnte. Und es sieht sehr, sehr süß aus.
Nikita ist etwas gestresst, würde ich sagen. Aber auch das wird besser. Die Federn wachsen tatsächlich schneller,

glaube ich. Da sie an den Tagen, an denen sie nicht geduscht wird (wenn ich am Wochenende faul werde und bade statt dusche) rupft, wird sie jetzt immer geduscht.
Dies ist etwas problematisch aufgrund Jacks Schreiorgien währenddessen. Heute Morgen habe ich ihn mit ins Bad genommen und kurz versucht, ihn abzuduschen. Aber er ist geflüchtet und hat dabei den Papageiensitz umgerissen. Hinzu kommt: Wenn ich Jack Duschen möchte, muss ich das ohne die Grauen machen, weil sie sonst Panik bekommen. Es wird wohl auf einen zwei-Schicht-Betrieb hinauslaufen.
Na ja, wie ihr seht, ist es bei mir im Moment eher chaotisch. Mit der Zeit wird sich sicherlich eine gewisse Routine einspielen. Dann sind hoffentlich alle wieder sehr, sehr glücklich. So, und jetzt muss ich dringend zum Flughafen. Vielen Dank für Euer Interesse!

22.03.2002

Im Moment ist Vergesellschaftung das primäre Ziel. Wenn sie sich auch noch verlieben, freuen wir uns natürlich alle. Aber er ist ja noch so furchtbar jung – acht Monate zu ihren sechs Jahren. Da sie so ein Riesenangsthase ist und ziemlich ge- und verstört, hielt ich es für besser, sie mit einem Jungvogel zusammenzusetzen, der sie nicht bedrängt. Das hätten ihre Nerven, denke ich, nicht mitgemacht. Tja, und dann kam Jack, der ja ein Zuhause brauchte. Glücklicherweise kommen sie recht gut miteinander klar.
Im National-Geographic-Spezialheft über den Regenwald, das gerade im Handel ist, sind übrigens wunderschöne

Bilder von Aras. Unter anderem ein gemischter Schwarm von dunkelroten, hellroten und Gelbbrustaras, der über den Urwald dahingleitet.
Wenn Nikita Jack eins überbrät, knurrt und hackt sie. Das reicht. Richtig erwischt hat sie ihn, glaube ich, noch nicht. Aber es wirkt seeehr bedrohlich. Man muss sie aber auch verstehen. Wer weiß, ob sie jemals vorher überhaupt einen Artgenossen gesehen hat. Bei der Vorbesitzerin saß sie im Nachbarkäfig zu einer Amazone, der kein Spielgeselle für sie war. Die Besitzerin davor hatte, glaube ich, überhaupt keinen anderen Vogel. Und dafür, finde ich, sieht es wirklich gut aus. Auch wenn sie mit Jack noch nicht schnäbeln will. Vor Nikita hatten die Grauen keine Angst als sie einzog. Deswegen konnte ich mir ihre Angst vor Jack auch nicht erklären, bis die rote Hose bei mir reinkam.
Gestern Abend haben wir übrigens aufs Heftigste geübt: Jack hat nämlich gelernt, auf seinem Platz sitzenzubleiben, während ich mit den anderen übte. Natürlich wurde er dafür großzügig belohnt. Er weiß jetzt auch was „Go to your spot" (Geh auf deinen Platz) bedeutet. Ansonsten habe ich mir, nachdem ich Hector und Lily ins Bett gesteckt hatte (bei Lily ist das im Übrigen wörtlich zu nehmen), ein Bad gegönnt. Und ratet mal, wer auf einmal angewackelt kam, Jack, der natürlich mit lautem Halloooo begrüßt wurde. Er versuchte es erst mal auf meiner Schulter. Das wurde ihm dann doch unheimlich, als ich tiefer und tiefer ins heiße Nass hinabsank. Er begnügte sich dann mit dem Hocker auf einem kuscheligen Handtuch, bevor er zappelig wurde und ich ihn wieder ins Vogelzimmer brachte. Nikita schrie übrigens

kurz nach ihm, nachdem er ins Bad gelaufen war. Hat sie ihn etwa doch vermisst??? Sie beruhigte sich dann aber schnell wieder. Heute Morgen hat Jack beim Sprühduschen den Kopf immer wieder in die Wasserschüssel gesteckt. Er versteht noch nicht, dass er da nicht reinpasst. Dann habe ich mich seiner erbarmt und ein großes mit Wasser gefülltes Tablett oben hingestellt. Das war ihm aber dann auch nicht wirklich geheuer. Zum Schluss habe ich ihn mit dem Targetstick hineingelockt und natürlich belohnt. Da saß er dann im kühlen Nass.
Endlich Wochenende … ahhhhhhh …

25.03.2002

Habe gestern gaanz viele Bilder gemacht. Es waren richtig süße dabei. Aber dann habe ich versucht, sie in der Kamera richtigherum zu drehen, falschen Knopf gedrückt und aus Versehen alle wieder gelöscht. Miiiist!!!!! Ansonsten, fängt der Gute an auf „Jack“ zu hören. Also wird der Name wohl an ihm kleben bleiben. Wobei ich sowohl Pepper als auch Chili ganz niedlich finde. Hmmm …
Trainingsmäßig üben wir mit wechselndem Erfolg:

- An einer Stelle sitzen bleiben, während ich mich mit den anderen beschäftige, klappt ganz gut
- „Auf deinen Platz“ klappt von circa zwei Meter Entfernung aber noch nicht wenn er um die Ecke sitzt
- „Auf“ klappt immer
- „Runter „– da perfektioniere ich die Abstreifentechnik <arrrghgh>

- Duschen: Da habe ich ihn soweit, dass ich ihn auf die Badewannenablage setzen kann, wenn der Duschkopf unten in der Wanne liegt. Er bekommt allerdings im Moment noch die Panik, wenn ich den Duschkopf in die Hand nehme.
- Statt auf der Schulter auf der Hand zu sitzen haben wir gerade angefangen. Es lässt sich ganz gut an.
- Von der Schulter auf die Hand zu kommen ist manchmal ein kleiner Machtkampf, den ich ihn aber nie gewinnen lasse. Schlussendlich klappt es dann auch immer. Muss aber noch wesentlich routinierter werden.
- Nicht brüllen, wenn ich Nikita außer Sichtweite nehme, hat sich wesentlich gebessert. Auch daran üben wir noch weiter.

Er hat auch blitzschnell gelernt, dass es sich richtig lohnt, sich auf jeden Besucher draufzuhangeln, da sie ihn die ganze Zeit mit Leckereien vollstopfen und ihm alles durchgehen lassen. Soviel zum Thema Erziehung.

Was ich mache, wenn Jack nicht von der Schulter auf die Hand will? Natürlich könnte ich es mit Targetstick machen. Aber dann müsste ich beide Arme hochheben. Das ist schwierig, wenn ich ihn auf der Schulter habe, wegen des Platzmangels.

Natürlich muss er gar nichts machen, wenn er nicht will. Aber mittlerweile sitzt das Auf-Kommando so gut, dass ich jetzt anfange es in verschiedenen Situationen und Umfeldern

zu üben. Es ist ja fast so, als ob es in jedem Raum neu gelernt werden muss, bis er kapiert, das „Auf" immer und überall gilt und nicht nur vom Ast auf die Hand.
Beim „Auf" von der Schulter auf die Hand, schiebe ich ihm meinen Unterarm sanft gegen die Beine. Hat er keine Lust oder ist er sehr nervös, wie im Bad bei der Duschkopfaktion, versucht er zu beißen. Würde ich dann nachlassen, würde er blitzschnell lernen, „wenn ich beiße, brauche ich nicht aufsteigen". Das soll er natürlich nicht lernen. Stattdessen balle ich meine Hand zur Faust und spanne den Arm an, sodass er nicht reinbeißen kann, und halte den Unterarm hartnäckig weiter hin bis er draufsteigt. Dann wird er natürlich richtig doll gelobt und belohnt. Wichtig ist, hier zu vermerken, dass er das Kommando im Grunde genommen kennt. Wenn er nicht wüsste, was ich will, würde es so nicht funktionieren. Das heißt, ich könnte ihm den Arm hinhalten, bis wir beide schwarz werden. In diesem Fall geht es wirklich darum, wer seinen Kopf durchsetzt.
In der Hinsicht ist er auch ganz anders, als meine sämtlichen anderen Vögel, die ja von ihrem Naturell her eher scheu sind und zu den Dingen „überredet" werden müssen. Jack hat wirklich eine ganz andere Persönlichkeit, sodass man bei ihm sehr darauf achtgeben muss, dass man nicht aus Versehen seinen Dickkopf belohnt, mit dem Ergebnis, dass er später allen auf der Nase herumtanzt.
Aber im Großen und Ganzen ist er ein ganz lieber Kerl, der zwar furchtbar viel Aufmerksamkeit haben will und gelegentlich ein bisschen frech wird. Aber er ist nicht wirklich bösartig, sondern versucht nur wie ein kleines Kind seine

Grenzen auszutesten. Was ja an sich ok ist, solange meine Finger dranbleiben.
Er ist halt so superklug, dass er alles schnell lernt. Und mit allem sind auch meine Schwächen gemeint, die er sicherlich schamlos ausnutzen würde. Besser, wenn er manche Dinge gar nicht erst lernt.

Verflixt, bei Dir muss man ja echt aufpassen, was man sagt LOL. Wenn Jack auf den Rücken herunterkrabbelt, lehne ich mich hintenüber, bis er wieder heraufkrabbelt. Dies ist beim „Runter" auf einen Ast aber äußerst schwierig. In der Situation streife ich ihn mit gebeugtem Rücken quasi so von mir ab, dass es in einem „Runter“, wenn auch ungewollt, resultiert. Dafür wird er dann sogar noch belohnt. Beim Üben des normalen „Runter“ verwende ich den Targetstick. Aber den hat man schlussendlich nicht immer gerade dann da, wenn man den Vogel mal kurz loswerden möchte. Von sich aus fliegt er nicht von mir weg. Er möchte ja immer bei mir hocken.

26.03.2002

Bei meinen Grauen ist das „Runter“ überhaupt nicht schwieriger, weil die nicht so weit runterklettern. Jack ist wesentlich agiler und hängt teilweise in Hüfthöhe rum. Bald kann ich Limbo-Wettbewerbe gewinnen. Wenn ich rumhüpfe, während er auf meinem Rücken rumkrabbelt, sehe ich von vorne wie ein Engel mit roten Flügeln aus. Deshalb hatte ich mir auch mal überlegt ihm einen Engelsnamen zu verpassen. Geflogen ist er bisher bloß zweimal, aber das weil ich ihn abgeschüttelt habe, als es mir zu bunt wurde. Manchmal dreht er einfach so derart auf, wie ein kleines vollkommen übermüdetes Kind. Er flog dann ganz gepflegt auf einen Ast und putzte sich – frei nach dem Motto „Qui? Moi?? Ich bin die Unschuld in Person". Ich ignorierte ihn dann ein paar Minuten, bevor ich ihn wieder einsammelte.

Wenn Lily wegfliegt, was sie macht, wenn Jack ihr zu nahe kommt oder gar zu wild mit den Flügeln schlägt, ist meine Devise, ignorieren und erst später wieder einsammeln. Sie soll es sich ja gar nicht angewöhnen, deshalb werde ich sie dafür auch nicht mit Aufmerksamkeit „belohnen".

Wenn man ihr jedesmal mit einem Riesentheater hinterherläuft, kann das ja auch zu einem tollen Beschäftigungsspiel für uns alle werden. Hingegen wird sie groß belohnt, wenn sie ihre Angst überwindet und sitzen bleibt. Mittlerweile kann ich Jack kurz streicheln, während Lily auf meiner Schulter sitzt. Ihre Angst nimmt zwar langsam, aber doch stetig ab.

Gestern war Jack übrigens sehr kuschelig. Mit ausgebreiteten Flügeln auf meine Schulter geschmiegt, hing er wie ein Schluck Wasser in der Kurve und ließ sich ausgeiebig kraulen. Nikita, die Eifersüchtige, musste natürlich mit der anderen Hand auch gekrault werden. Ich bekomme hier bald Oberarme wie Schwarzenegger. Schnäbelte Jack mit mir, musste Nikita anschließend mit mir schnäbeln. Warum kommen die beiden eigentlich nicht mal auf den Trichter,

dass sie auch miteinander schnäbeln könnten? Wenn sich alles etwas mehr eingespielt hat, werde ich auf jeden Fall anfangen, die beiden dahingehend zu clicken, dass sie einander näher kommen. Aber dafür müssen beide erst noch etwas ruhiger werden.
Nikita bekommt seit heute Morgen „virtuelles" Agility-Training, damit sie sich endlich mal etwas mehr bewegt. Zu diesem Zweck habe ich an eine Seite des Käfigs, auf dem sie ständig rumhockt, an schwer erreichbarer Stelle eine Schale mit ihren heißgeliebten Mandeln gehängt.
Als ich zu Arbeit ging, war sie zumindest schon in einer ziemlich halsverlängernden Streckphase, um dran zu kommen. Mit der Zeit möchte ich die Leckerbissen weiter und weiter vom Käfig wegrücken, damit sie lernt, sich mehr und mehr im ganzen Raum zu bewegen. Schaun mer mal.
Langweilig wird es auf gar keinen Fall.

28.03.2002

Am ersten Tag war die Schale halb abmontiert, hing aber gerade noch. Heute Morgen hat die Gute sich erst wahnsinnig gestreckt, um einen Walnusskern herauszunehmen. Etwas später hat sie sich tatsächlich an der Seite heruntergehangelt, um etwas besser dranzukommen.
Bin übrigens auf Walnüsse umgewechselt, weil nur Nikita sie wirklich mag. Sonst hat sie gegen Jack, den Kletteraffen, nämlich keine Chance. Jetzt werde ich anfangen, die Schale nach und nach weiter weg und an schwieriger für sie zu erreichende Stellen zu hängen.

Ja, seit die Aras bei mir wohnen, habe ich richtig Muckis in den Oberarmen bekommen. Jack krabbelt jetzt übrigens immer zuverlässiger von der Schulter auf die Hand und anschließend auf einen Ast, sodass ich mir das leidige Abstreifen und Limbotanzen hoffentlich bald schenken kann. Aus irgendeinem Grunde reagiert er allerdings nicht auf „down", obwohl wir gerade das geübt hatten, sondern nur auf „up you go", frag mich mal einer, warum. Aber wenn's ihn glücklich macht – und mich, weil er endlich das macht, was ich will <hehe> …
Jack hat jetzt übrigens auch wirklich kapiert, dass hinterherlaufen und belästigen ihm keine Leckerbissen einbringt. Bekommt Nikita also was Feines, verzieht er sich meist recht schnell auf seinen Platz links am Ast und wippt aufgeregt herum, mit festgeklebten Füßen, bis er auch was bekommt. Er ist ja soooo süüüüß!!! Seit heute Morgen ist auch auf dem Program, dass er bitte nicht versuchen soll, die Agas von den Sonnenblumenkernen, die ich ihnen zustecke, wegzujagen. Komisch, wie dann der Sonnenblumenkern immer verschwindet und nur dann wieder zum Vorschein kommt, wenn er wieder an seine Position zurückgekehrt ist. Dafür wird er natürlich dann auch belohnt.

Neuigkeiten: Lily nuckelt jetzt ihre Bachblüten, Mimulus und Aspen gegen die Angst, schon direkt aus der Pipette.

Hector hat zwei gestutzte Schwungfedern verloren – mit angehaltenem Atem warte ich darauf, dass das alles endlich mal nachwächst und er wieder richtig fliegen kann.
Und die Agas haben vor nichts und niemandem Angst …

Manchmal glaube ich, ich bin hier die Erzogenste: Lily wackelt mit dem Schwanz, wenn sie einen Leckerbissen will. Jack flitzt auf seinen Platz. Hector quiekt zart, aber eindringlich. Nikita zupft ganz betont an ihren Spielsachen, und die Agas kommen einfach angeflogen. Und ich? Ich renne natürlich begeistert los und stopfe alle mit Leckereien voll.
Meine Tiere haben keine Käfige. Sie leben frei durcheinander im Vogelzimmer. Die Agas hocken ständig in unmittelbarer Nähe zu den Aras oder in deren Fress- oder Trinkschalen. Irgendwie sind die Trinkschalen für sie immer noch besser als die schönste Badeschale. Sie lassen sich überhaupt nicht ins Bockshorn jagen. Sie laufen ein bisschen zur Seite, wenn Jack oder Nikita versuchen, sie zu scheuchen – aber wegfliegen? Ach nöööööö.
Schlussendlich sitzen sie dann in den Fressschalen und schlagen sich die Bäuche voll, während die Aras brav warten, bis sie dran sind. Auch hier gilt die Devise: „Was deins ist ist meins, und deins (äh meins) schmeckt eh immer besser als meins.“ Es ist ja nun wirklich nicht so, als ob sie nicht ihre eigenen Fressschalen hätten.
Mit den Grauen halten sie es im Übrigen genauso. Heute Morgen hatte ich Hector in die Voliere gesetzt, Tür und

Futterluken waren natürlich geöffnet und Fressnäpfe hingen drinnen. Ich nahm an, dass er dort in Ruhe fressen könnte, statt mit einem Auge immer nach Jack zu schielen. In Null-Komma-nix waren auch die Agas in die Voliere eingezogen. Sie ließen sich auch nicht aus der Ruhe bringen, als ich die Wasserschale auswechselte, die in unmittelbarer Nähe zu den Fressschalen hing. Ich hatte eigentlich erwartet, dass sie durch eine der offenen Futterluken abhauen würden, als ich in die Voliere hineinkroch. Pustekuchen. Nicht von der Stelle bewegt haben sie sich. Aber sie müssen auch in Stimmung sein. Wenn sie keinen Bock auf Nähe oder Leckerbissen haben, fliegen sie weg, wenn man auf sie zu geht. Andererseits warten sie mit dem Fressen abends, die Schälchen stehen dann auf der Sofarückenlehne, bis ich mich mit den Grauen dazusetze, die dann ihren Babybrei gefüttert bekommen. Aber sobald wir sitzen, kommen sie angeschwirrt.

31.03.2002

Nachdem Jack zwei Tage lang seinem neuen Hobby gefrönt hat, Fress- und Wasserschalen aus den Halterungen zu heben, auf den Boden auszuleeren und dann auf den Boden zu deppern, ist mir der Kragen geplatzt. Nein – Jack wurde (noch) nicht zu Suppe verarbeitet. Stattdessen habe ich mich mal wieder auf einen ausgedehnten Trip in den Baumarkt begeben, in dem ich Muttern der Größe Zehn erstand. Diese klebte ich mit meiner heißgeliebten Heiß-ebendarum-Wachspistole – der Metallschnellkleber hat leider überhaupt nicht funktioniert – auf den Böden der Futterschalen fest. Dann noch

Winkeleisen an die Käfige geschraubt, eine Halterungsschraube mit je zwei Muttern fixiert – und schon hatte ich anschraubbare Fressnäpfe, die Jack – oh große Grausamkeit … es grenzt an Tierquälerei, ihm diesen Spaß vorzuenthalten!!! – nicht mehr runterwerfen kann <hehehe – dreckiges Papageien-Mama-Lachen> … zumindest bis er gelernt hat, Schrauben aufzudrehen. Er hat es natürlich versucht, aber diesen Kampf hat er schlussendlich aufgegeben.
Nikita hingegen ist sehr, sehr brav. Sie hat sich nämlich gestern das Duschen von Jack abgeschaut. Sie, die sich sonst hinten am Käfigdach herunterhängen lässt, um sich vor der Wasserspritze zu verstecken, die sie natürlich dann trotzdem findet, kam auf einmal angelaufen und tanzte mit wildschlagenden Flügeln im Wasserstrahl. Gesicht voran! Dass sie dabei sowohl Jack als auch mir mit ihren Flügeln mehrere Ohrfeigen verpasste, war ihr gänzlich egal.
Jack aber nicht, der fing prompt an, sie am Schwänzchen zu ziehen. Schon stritten sich die Kinderchen wieder einmal. Jack hat dann erst mal in seiner Trinkschale gebadet, um sich wieder abzukühlen. So hatte ich am Schluss zwei klitschnasse (von Boden, und Wand mal ganz abgesehen) und vollkommen erledigte Aras hier herumhocken.

01.04.2002

Wunder über Wunder! Ich glaub‘s ja kaum! Gerade blicke ich von meinem Computer hoch, und was sehe ich? Nikita krabbelt hinter Jack den Ast entlang. Nichts Außergewöhnliches, meint Ihr??? Für Nikita schon. Sie sitzt am liebsten

auf dem Käfig und lässt sich nur mit Targetstick und vielen Sonnenblumenkernen auf das am Käfig befestigte Seil locken. Auf den Ast ist sie noch nie draufgestiegen, selbst mit Händen voller Sonnenblumenkerne nicht. Sie ist halt alles andere als akrobatisch und hat es nicht geschafft, um die Befestigung herumzuklettern. Außerdem ist ihr alles Wackelige hochgradig suspekt.
Doch auf einmal sehe ich sie da entlangspazieren, als ob sie noch nie etwas anderes gemacht hätte. Juchuhhhh!!! Natürlich wurden beide sofort dick gelobt und belohnt: Haselnusskerne – immer noch keine Ostereier.
Jetzt wird die Kleine aber wirklich übermütig. Gerade hat sie lautstark Jack von seinem Lieblingsplatz vertrieben. Ich habe den Logenplatz auf dem Wohnzimmersofa, von wo aus ich diese ganze Aktion im Detail mitverfolgen konnte. Den Lieblingsplatz erobert, hat sie aber sofort das Interesse daran verloren und ist zum nächsten Zweig weitergeklettert. Unglaublich!!!
Jetzt hat sie gerade angefangen, an ihren Zehnägeln zu zupfen – etwas, das sie immer macht, wenn sie nervös wird. Ich glaube, die Ungeheuerlichkeit ihres Entdeckergeistes ist ihr gerade bewusst geworden und sie sehnt sich nach ihrem sicheren Fleckchen Käfigdach zurück. Na, werde ich sie mal retten gehen.
Bin noch immer ganz baff über die letzte Aktion und auch im allgemeinen darüber, wie gut die Vergesellschaftung mit Jack bisher geklappt hat. Er ist ja um Jahre jünger. Nikita saß immer in Einzelhaltung. Dennoch haben beide vom zweiten Tag an zusammengehockt. Frage mich, wie lange

es noch dauert, bis ich die beiden mal beim Schnäbeln erwische. Jack versucht es ja immer wieder mal. Leider wird er bisher noch immer abgewiesen. Aber in Anbetracht dessen, was Nikita so in letzter Zeit alles gelernt hat, kann man da, so glaube ich, wirklich guten Mutes sein. Den Haselnusskern hat sie übrigens beim Fressen schön in ihrer Kralle festgehalten. Auch dies macht sie erst seit Kurzem!

Nikita war soweit, dass sie Duschen schweigend über sich ergehen ließ, auch in der Dusche. Am Anfang hatte sie ja lautstark protestiert. Nachdem Jack da war wurde es mit dem morgendlichen Duschen immer schwieriger, weil er nach ihr brüllte, sobald er den Sichtkontakt verlor. Daran arbeiten wir aber gerade. Ziemlich schnell fing sie auch an zu brüllen, wenn sie den Sichtkontak mit Jack verlor. Auch daran arbeiten wir. Und dann wollte sie partout morgens nicht mehr auf die Hand steigen. Nikita nur zum Duschen mit einem Handtuch zu greifen, halte ich für arg übertrieben. So habe ich das Duschen in der Dusche mal in die Warteschlaufe gesetzt, bis sie keine Angst mehr bekommen wenn der andere Mal nicht da ist und bis das „Auf"-Kommando zuverlässig(-er) sitzt. Zwischenzeitlich muss sie natürlich geduscht werden da ich bemerkte, dass sie an den Tagen, wo sie nicht geduscht wird verstärkt rupft. Also habe ich angefangen sie auch mit der Sprühflasche zu duschen, nur dass sie das nicht wirklich mochte. Insofern ist dieses freiwillige in den Duschstrahl laufen ein irrer Fortschritt. Ultimativ möchte ich natürlich sowohl Jack als auch Nikita dahin bekommen, dass ich sie in die Dusche setzen kann. Es ist nasser für sie und trockener für meinen Bodenbelag.

07.04.2002

Seit gestern will Nikita dazukommen, wenn Jack sich gerade mal wieder auf irgendwelchen Gästen rumhangelt und sich von ihnen verwöhnen lässt oder mit mir auf dem Sofa rumgammelt. Offensichtlich hat sie gemerkt, dass man sich so jede Menge Streicheleinheiten abholen kann.
Sie „quiekt", und wenn ich zum Käfig komme, rennt sie ruck, zuck zu mir hin, steigt auf die Hand und hält den Nacken zum Kraulen hin. Vorher musste ich sie ja immer mit Targetstick und Sonnenblumenkernen auf die Hand locken. Das „Auf"-Kommando sitzt wirklich noch nicht.
Nikita lässt sich jetzt auch auf dem Schoß auf den Rücken rollen und spielt dann mit Krallen und Schnabel weiter. Dabei wird sie sehr ausgelassen. Von Scheu merkt man nicht mehr viel. Nun gut, zu Fremden will sie immer noch nicht hin, aber mein Besuch ist ohnehin mit Jack voll und ganz beschäftigt. An Jacks Schnabel hat sie auch vor Kurzem mal kurz geknabbert. Aber mehr so: Kann man das eigentlich essen?? Knabber, knabber, hmmmmm, dann doch lieber Banane – und weg.
Futter würgen beide freundlicherweise für mich hoch.

Muss gestehen, bis dato habe ich es noch nicht probiert. Nennt mich Weichei. Offiziell ist es natürlich so, dass sie einander füttern sollen. Meine Weigerung bei Hector hat im Endeffekt dazu geführt, dass er Lily füttert. Aber ich wollte Euch ja nicht die wirkliche Wahrheit vorenthalten. ☺

08.04.2002

Appropos Namen: Ann-Uta ist auf die glorreiche Idee gekommen, das Jack eigentlich Giac heißt. Nämlich wie Giacomo Casanova, weil er auch alle ständig ums Krällchen wickelt. Nur dass Jack es bei Männlein wie Weiblein gleichermaßen gut kann. Wollte ich Jack tatsächlich mal loswerden, hätte ich schon jetzt mindestens fünf neue Zuhause für ihn. Er liebt Gäste, und sie lieben ihn. Aber er bleibt bei mir!!!

10.04.2002

Danke für das große Lob. Aber es macht mir ja auch wirklich Spaß. Das macht es so leicht. Eigentlich gebührt das Lob ohnehin eher Nikita und meinen anderen Geierleins, die es immer wieder schaffen, mir blind zu vertrauen und über ihren eigenen Schatten zu springen.
Wir üben also fleißig weiter. Na ja, ehrlich gesagt bedingt, da ich momentan täglich zwölf Stunden und mehr im Büro verbringe. Aber selbst fünf Minuten am Tag sind besser als nichts. So haben „wir" in den letzten Tagen noch Folgendes dazugelernt:
Nikita fing an, abends nach dem Lichtausmachen ungeduldig „Up" zu rufen, das Kommando, das ICH (!) sonst gebe, damit sie auf den Arm steigt. Damit wollte (hat) sie mich dazu bewegen(t), möglichst schnell zu ihr hinzuflitzen, um sie in den Käfig runterzuheben (sie kann sehr wohl klettern, ist aber zu faul), in dem die Dame zu nächtigen geruhte. Das haben wir ein paar Tage lang durchexerziert. Dann

plötzlich, wurde sie ganz entspannt. Jetzt verkriecht sie sich selbst zum Schlafen nicht mehr in ihren schützenden Käfig. Juchuhhhh!
Dafür hat Nikita sich aber dusseligerweise angewöhnt, mich kurzerhand an den Haaren zu ziehen, wenn ich nahe genug stehe und sie frecherweise trotzdem nicht streichele. Also seht Ihr mein Userbild demnächst mit Glatze. Aber es ist so herzig, wie sie Streicheleinheiten einfordert, dass ich ihr wirklich nicht böse sein kann.
Jack muss mittlerweile nicht mehr „abgestreift" werden, wenn man ihn loswerden möchte. Kommando funktioniert ganz gut. Und was noch besser ist, er lässt sich auch einfach – jaaaa, ohne zu Beißen! – am Fuß hochheben und absetzen, wo man möchte. Seinen Flügel kann ich beim Dösen auf dem Sofa auch kurzfristig – er ist viel zu hibbelig für alles längerfristige – als Schlafmaske hernehmen. Und wie alle Geier riecht er köstlich unter den Flügelchen. Nein! Das ist überhaupt nicht pervers! Wir üben gerade Auf-den-Rücken-rollen-lassen. Na, begeistert ist er noch nicht, kann aber auch in Rückenlage ungeheure Mengen Sonnenblumenkerne problemlos verspeisen. Wie macht er das?????
Ansonsten benutze ich ihn als „Prop", um Hector und Lily die Angst vor ihm abzugewöhnen. Immerhin kann ich mittlerweile mit den Grauen auf der Schulter Jack Leckerbissen zustecken und ihn kurz – ja, kurz! – Kraulen, ohne dass sie davon fliegen. Mimulus lässt grüßen – und natürlich auch viele Sonnenblumenkerne.
Sie kommen jetzt auch zu mir gelaufen, wenn ich im Vogelzimmer mit Jack bin, statt sich in der sicheren Zone

aufzuhalten. Die Agas haben sich jetzt auch angewöhnt, mit den anderen den morgendlichen Ich-muss-jetzt-Vogelfutter-verdienen-gehen-Leckerbissen einzufordern. Die Großen bekommen Mandeln oder Haselnüsse und die kleinen, körpergrößenmäßig abgestimmt, Sonnenblumenkerne.
Bilder, ach ja. Habe immer nicht genug freie Hände. Muss meine Starfotografin nochmal herbitten. Diejenige welche weiß hoffentlich, dass sie gemeint ist. Ja Du!!! Also, vielleicht nächstes Wochenende?

15.04.2002

Respekt??? Nöööööö ... <lach>, zumindest nicht vor der Größe. Wie ich schon anderweitig schrieb, die Vögel schrumpfen, wenn man sie ständig sieht. Die Größe bemerkt man einfach nicht mehr.

17.04.2002

Noch herziger sind sie „life"!!! Gestern Abend saß ich im Vogelzimmer mit einem Schälchen getrocknetem Mais, Pinien- und Sonnenblumenkernen und Jack auf dem Boden. Hector war auch dabei, mit einigem Sicherheitsabstand. Trainingsziel war es, Hector immer näher heranzulocken, mit Targetstick und Clicker natürlich, um die Toleranz für Jack weiter zu verbessern. Aber was passierte? Nikita erspähte mit scharfem Blick die Schale, krabbelte aufs Seil das über meinem Kopf hing. Es ist erstaunlich wie schnell das geht, wenn die Motivation groß genug ist. Dann streckte

sie sich so weit nach unten, dass das Seil mit ihr drauf auf einmal umkippte. Da hing sie nun kopfüber – und versuchte immer noch vergebens an die Schale, die ja am Boden stand, ranzukommen. So errettete ich sie und sie saß dann mit uns auf dem Boden und pickte sich fein säuberlich jeden Pinienkern, ihr Leibgericht, heraus. Die Gute wird wirklich immer mutiger; zumindest wenn es um Fressen oder Streicheleinheiten geht.
Lily versteckte sich gestern Abend noch recht weit weg von Jack. Hector kam schon bis auf 50 Zentimeter heran. Aber heute Morgen gab es dann auch bei Lily einen Durchbruch. Sie blieb nämlich brav auf meiner Schulter sitzen, während Jack sich auf die andere Schulter draufhangelte. Ganz schön mutig, die Kleine. Somit scheint das Jack-Panik-Thema der Grauen sich hoffentlich bald erledigt zu haben.

04.05.2002

So. Hier bin ich wieder. Die letzten Wochen waren wirklich die Hölle! Aber den Geiern geht es gut. Wir waren gestern mit allen, außer den ganz Kleinen, beim Tierarzt.
Nikita und Jack haben ihre Schnäbel nachgeschliffen bekommen und Jack, der ja vom Züchter bereits mit Aspergillose zu mir kam, wurde noch einmal geröngt. Das Medikament hat es augenscheinlich noch nicht ganz wegbekommen, sodass der Gute jetzt noch mal ein bisschen Inhalationstherapie machen darf. Habe auch sofort einen Pari-Inhalator bei Ebay erstanden. Wenn das mal erledigt ist, erwägen wir auch, ihm eine Schnabelprothese aufzusetzen, um den

nachwachsenden Schnabel zu schützen und auch um Widerstand für den Unterschnabel herzustellen, der im Moment ja ganz schön wuchert.
Nachdem Nikita ein neues Spiel entwickelte, bei dem sie sich auf die Hand nehmen und auf den Ast setzen ließ, unter lautem Juchuhhh und Yippiee natürlich, sie dann vom Ast auf den Käfig krabbelte und sich dort eine Mandel zur Belohnung abholte, diese verspeiste, um dann wieder auf die Hand zu krabbeln usw, usf., hat sie jetzt gelernt, viel besser zu klettern. So sitzt sie mittlerweile kaum noch auf dem Käfig, sondern geht nur noch zum fressen dahin. Zwischendurch sitzt sie am liebsten am großen gebogenen Ast, der vor der Tür die rechte Seite des Vogelzimmers mit der linken verbindet. An den jeweiligen Aufhängeketten der verschiedenen Äste hangelt sie sich wirklich problemlos vorbei. Nur die linke Seite des Vogelzimmers meidet sie nach wie vor. Da werde ich jetzt mal beim Training ansetzen und sie auch mal dahin locken.
Jack hat mittlerweile gelernt, vom Ast runterzukrabbeln und mir, zum Leidwesen der Grauen, durch die Wohnung zu folgen. Er fliegt nach wie vor so gut wie nie. Im Moment mausern sie, und gerade bei Nikita sprießt es. Nur, ob sie die Federchen schlussendlich stehen lässt, wissen wir noch nicht.

05.05.2002

Zum Inhalieren kommt Jack in die Transportbox, Decke drüber, Schlauch rein – fertig. Zumindest in der Theorie.

Das Dumme ist, dass ich das 14 Tage lang täglich machen muss. Die Frage ist, wann er so die Nase davon voll hat, dass ich ihn nicht mehr in die Box bekomme bzw. wann er den Schlauch auffrisst.
Ansonsten werde ich mal wieder etwas basteln müssen, denn Jack hangelt sich jetzt die Astaufhängeketten hoch und setzt sich ganz oben auf die Hühnerdrähte, die quer durchs Zimmer laufen und an denen die Äste und alles andere befestigt sind. An sich wäre das kein Problem, aber von den Drähten aus kann er an die Deckenröhren und deren Kabel. Hmmmm … ein ungemütlicher Gedanke.
An die ersten Ketten, die ich aufhing, habe ich oben eine Plexiglasscheibe befestigt, an die er stößt und an der er nicht vorbei kann, wenn er hochklettert. Nur bei der letzten Kette hatte ich kein Plexiglas mehr. Und genau das nutzt der kleine Kerl jetzt aus. Also nächstes Wochenende wieder in den Baumarkt.
Auf lustige Weise wurde Jack seine Kletterei heute zum Verhängnis. Er saß ganz oben auf dem dünnen Draht als ich ihn rief. In seiner Hektik zu mir runterzukommen, ist er nicht zu der „offenen" Kette geklettert, sondern zu einer, die mit Plexiglas gesichert ist. Daran kam er nicht vorbei. Er versuchte es natürlich trotzdem, aber dabei stellte er sich so ungeschickt an, dass er kopfüber am dünnen Draht hing und voller Verzweiflung nicht mehr vor oder zurück konnte. <lach> Nachdem ich wieder zu lachen aufgehört hatte, habe ich ihn mit einem langen Ast gerettet, an dem er zu mir herunterklettern konnte.
Gelernt hat er allerdings nichts dabei.

Als ich eben aus dem Haus ging, hockte er grad wieder auf dem Draht. Das kann doch nicht bequem sein!!!!

14.05.2002

Ich bin also Samstag in den Baumarkt gefahren, um Plexiglas zu kaufen. Und dann gab es da sooo einen tollen Bohrerstand und tolle Aufsätze, um dicke Löche und Ringe bohren zu können, und und und. Ich kam schwerer bepackt da raus als aus Ikea, wenn ich mal zum Kochlöffel kaufen hinfahre (auch so ein Thema). Tja, und dann habe ich am Sonntagnachmittag Löcher in Holzklötze gebohrt, Holzklötze eingefärbt etc. pp. Darf man eigentlich niemandem erzählen, wenn man nicht irgendwann im Schnellzug in die Klapse sitzen möchte.

Der Pari Boy ist gestern angekommen. Wider Erwarten waren die Grauen ganz cool. Am Anfang haben sie noch etwas gemotzt, wohl wegen der gurgelnden Geräusche von dem Ding und da ich beide zum Inhalieren kurzerhand in dieselbe Transportkiste gesperrt habe. Sonst hat jeder seine eigene.

Aber dann haben sie sich brav hingesetzt, Hector sogar direkt vor den Auslass. Anschließend wollten sie unbedingt mit mir kuscheln. Danach habe ich Jack in seine Box eingebuchtet. Als ich ihn nach 20 Minuten wieder rausließ, ist er nur vor mir weggerannt. Richtig geschmollt hat er! Bis heute Morgen hatte er sich allerdings wieder eingekriegt. Das geht ja jetzt erst mal 14 Tage lang so. Naja, hilft nix, da müssen wir durch.

Nikita, die nicht inhalieren muss, die Glückliche, krabbelt jetzt immerhin in ungefähr drei Vierteln des Zimmers herum. Nur ans Fenster traut sie sich immer noch nicht.

16.05.2002

Die Geier gewöhnen sich jetzt so langsam ans Inhalieren. Zuerst gibt es jedesmal kurz Randale in ihrer Inhalationsbox, aber dann schlafen sie einfach die 20 Minuten, die das dauert. Es ist also nicht halb so schlimm, wie ich zuerst befürchtet hatte. Nur beim In-die-Box-setzen muss ich gründlich nachhelfen. Freiwillig gehen sie da noch nicht hinein.

28.05.2002

Ihr werdet nicht glauben was Jack, der kleine Stinker, sich jetzt ausgedacht hat! Gestern komme ich etwas früher nach Hause, und siehe da, meine Putzfrau ist noch da. Wir unterhalten uns ein wenig über die Geier. Nikita kommt bei ihr auf die Hand, und vor Jack hat sie noch immer etwas Angst. Im Folgenden sah ich, dass das berechtigt ist, da er versuchte, sie zu beißen!!! Ich habe ihn noch nie versuchen sehen, jemanden zu beißen. Er ist doch mein Gästeliebling, den alle lieben. Also verordnete ich ihr, ihm Leckerlis zuzustecken.

Das hat dann auch ganz gut funktioniert. Er krabbelte dann ganz friedlich auf ihren Arm. Und jetzt kommt der Hammer!!! Sie erzählte mir dann, dass wenn sie am Boden im

Vogelzimmer arbeitet, Jack ihr regelmäßig auf den Rücken kackt. Gott sei dank findet sie das eher witzig. Ungläubige Verwunderung meinerseits, er ist doch normalerweise sogar personenrein. Aber der kleine Mistkerl krabbelt echt auf den Ast über ihr und kackt auf sie!!!!! Ich habe es gestern live erleben dürfen – unglaublich, oder??? Muss mir mal durch den Kopf gehen lassen, wie ich ihm das wieder abtrainiere. Obwohl ich ja schon ziemlich lachen musste, als ich das sah.

30.05.2002

Nikita ist jetzt auf Hormonbehandlung. Ich darf ihr jetzt noch an weiteren zwei Freitagen eine Injektion in den Brustmuskel geben – puh! Dies soll helfen, dass sich die Federn schneller durchschieben, außerdem könnte das Rupfen eben auch hormonell bedingt sein. Sie wurde ausgiebigst auf alle möglichen Krankheiten getestet. Außerdem werde ich jetzt anfangen, dem Papageienmenü Rotes Palmöl – kennt jemand einen Online-Versand?? – beizufügen. Die darin enthaltenen essenziellen Fettsäuren und Vitamin A (Provitamin) sollen ihrer Haut weiterhelfen.

11.06.2002

Habe Nikita und Jack eben beim Knutschen erwischt. War auch nicht schwer, denn sie saßen beide auf meinem Schoß. Was für ein Durchbruch! Denn obwohl sie immer gerne zusammen sind und auch nacheinander schreien, wenn sie den Sichtkontakt verlieren, hat Nikita bislang Jack immer

eins übergebraten, wenn er ihr zu nahe kam oder gar versuchte, mit ihr zu schnäbeln. Da machen sich die sechs Jahre Einzelhaltung eben doch bemerkbar. Eben übte er fleißig Futter hochwürgen, naja, so gut das eben mit nicht ganz elf Monaten geht, taperte zu Nikita, versuchte wieder einmal sie zu füttern, und urplötzlich ließ diese es sich gefallen.
Sie müssen allerdings noch ganz schön üben. Er dockte erst mal dummerweise an ihren Oberschnabel an, was natürlich überhaupt nicht funktionierte. Beim zweiten Versuch, als sie sich entschloss dann doch mitzumachen, stellte sie sich so ungeschickt an, dass sie ihn dabei in die Wange biss, wodurch er sich erst mal erschreckt wieder verzog. Aber nun gut, aller Angang ist schwer. Jack ist ja auch noch Lichtjahre von der Geschlechtsreife entfernt, hat also noch gaaanz viel Zeit zum Üben.

12.06.2002

Jetzt, nach der dritten Woche Hormonspritzen, kann ich ehrlich gesagt noch keinen Unterschied sehen. Habe mit der Tierärztin gesprochen und werde ihr Nikita noch mal in einer Woche vorführen. War am Wochenende bei einem superinteressanten Seminar von Prof. Krautwald. Es ging um Leitsymptome Erbrechen und Kotveränderung bei Papageienvögeln. Da habe ich die Idee bekommen, Nikita doch noch mal auf Hefen im Magen-Darm-Trakt zu testen.
Nikita hat des Öfteren unverdaute Stückchen im Kot. Gottlob ist ihr Drüsenmagen 1A in Ordnung. Da Hefe eine Differentialdiagnose zu PDD ist und ich von der Featherpicking-Seite

weiß, dass Hefe auch Verursacher von juckender Haut und Rupfen sein kann, möchte ich das nochmal testen lassen. Außerdem werde ich mal besprechen, ob wir Nikita nochmal für Giardia testen sollten. Es gab zwar schon mal einen negativen Test, aber bei Parasiten ist es halt so, dass man manchmal mehrere Tests machen muss, ehe es überhaupt erscheint. Es gibt auch Tierärzte, die einfach mal versuchsweise gegen Giardien behandeln. Mal schauen, was meine Tierärztin dazu sagt.

Ich habe ganz tolle Öle gefunden, sodass ich dann alles mögliche gekauft und zusammengemischt habe: Leinöl, Traubenkernöl, Walnussöl, Rapsöl – irgendwas habe ich vergessen. Davon kommt morgens und abends ein Esslöffel über das Papageienmenü. Bei sechs Papageien ist das nicht superviel, aber ich wollte mal lieber langsam anfangen. Rotes Palmöl habe ich in einem kleinen Importshop in der Kleinmarkthalle bekommen. Davon mische ich morgens ein Teelöffelchen auch unters Papageienmenü.
Ich weiss nicht, ob Palmnüsse auch von der Palmensorte kommen, aus der man das Öl herstellt (Ölpalme). Abgesehen davon, habe ich den Verdacht, dass man ganz schön viele Nüsse fressen müsste, um die gleiche Menge Öl zu sich zu nehmen. So wie man acht Orangen für ein Glas Orangensaft braucht. Letzteres trinkt man ja recht schnell. Ich kann mich hingegen nicht daran erinnern, wann ich das letzte Mal acht Orangen am Stück gefuttert habe. Wenn so viele Nüsse

vertilgt werden, bedeutet das, dass von irgendwas anderem weniger gefressen wird. Dann wird es natürlich mit der ausgewogenen Ernährung doch etwas schwieriger.
Abgesehen davon, scheitert die Sache mit den Palmnüssen an meinem nicht vorhandenen Gefrierschrank. Aber irgendwann wollte ich die sowieso mal ausprobieren, als Leckerbissen halt.

Zum einen ist Fett nicht gleich Fett. Zum anderen leben meine Tiere eher fettarm, da sie von Papageienmenü und Keimfutter ernährt werden. Nur zum Training gibt es Nüsse. Körner in Rohform bekommen sie überhaupt nicht. Die verfressenen Agas leben im Vogelzimmer mit und bedienen sich freizügigst aus den Arafressnäpfen.
Bei ihnen hege ich allerdings die Befürchtung, dass aus ihnen, aber nicht wegen des Öls, Agamöpse werden. Glücklicherweise sind sie ja sehr aktiv, sodass einiges durch Rumfliegen wieder abgearbeitet wird. Graue und Aras haben ohnehin einen recht hohen Kalorienbedarf, das passt also ganz gut.

14.06.2002

Ja, ich habe das rote Palmöl in sauteuren Minifläschchen in der Kleinmarkthalle bei einem Importeur gefunden. Es kommt tatsächlich aus Brasilien. Es stinkt höllisch, färbt alles – Schnäbel, Haut, Kleidung – gelb, aber die Vögel

mögen‘s trotzdem. Was mir nicht ganz so passt, ist, dass es mit Sojaöl gemischt ist und ich keine Ahnung habe, was in dem Sojaöl so drin ist. Deswegen möchte ich lieber Pures finden. Ich suche also weiter. Mir wurde jetzt ein Chinaladen empfohlen. Ich werde da mal versuchen, gelegentlich hinzutigern.
Jack ist wirklich notgeil. <lach> Gestern hatte ich ihn mit bei meinen Nachbarn, bei denen ich zum Abendessen eingeladen war. Sie haben zwei wunderschöne Tonkanesen-Katzen, und wir wollten mal wissen, wie die Tiere miteinander klarkommen. Jack ist ja größer als die Katzen. Das Weibchen ignorierte ihn vollkommen, aber das Männchen, Mo, war fasziniert. Er lief uns überall hinterher und verfolgte ihn mit sehnsüchtigen Blicken (Dinner??? <räusper>). Jack ignorierte ihn total.
Nach dem Essen saß Jack dann irgendwann bei mir auf dem Schoß und ließ sich durchkraulen. Mo saß am Boden, schnupperte, stellte sich dann senkrecht gegen mein Bein und fing an gaaanz zart mit Jacks Schwanz zu spielen. Woraufhin Jack anfing, für ihn Essen hochzuwürgen.
Keine Angst, ich habe Schnabel und Katzenmaul oder -krallen nicht in die Nähe voneinander gelassen. Das wäre mir dann doch zu heikel. Ein durchaus nicht standesgemäßer Flirt. <grins>
Was ich superinteressant fand, war dass Jack nicht die Bohne Angst hatte und den Katzen auch überhaupt nicht drohte oder versuchte, sie anzugreifen oder so. Die Tiere wurden natürlich von uns dreien arg bewacht, um gegebenenfalls sofort eingreifen zu können.

18.06.2002

War gestern mal wieder mit Nikita und Jack bei der Tierärztin. Bei ihm sollte bloß der Unterschnabel gekürzt werden. Ich habe ja den Verdacht, dass Nikita Hefen oder Giardia haben könnte. Also haben wir schön Proben genommen, die jetzt per Agar Platte auf Hefen und per Labor (Eliza-Test) auf Parasiten untersucht werden. Bin mal gespannt. Ansonsten bescheinigte mir die Tierärztin, dass beide ausgezeichnet ernährt werden müssen, da die Federn, zumindest die, die da sind, ganz toll aussähen. Interessant sei auch, dass sie in intensiveren Farben nachwachsen. Nikitas nachwachsende Federn sind fast kobaltblau statt hell-türkis, und auch Jack schillert in allen Farben. Frau Dr. schien beeindruckt. Weniger beeindruckend war Jacks Theater beim Schnabelkürzen. Er hat derartig geschrien, dass ich dachte, er bekommt einen Kreislaufkoller. War anschließend auch extremst geschafft und noch am Abend sehr liebesbedürftig. Nikita steckt diesen ganzen Kram mittlerweile mit Links weg.
Werde mit Jack jetzt öfter mal den Schnabel mit der Nagelfeile kürzen üben. Ist zwar bei dem wuchtigen Ding mühsam, aber wenn man es oft genug macht, geht es ja vielleicht auch so (hoffnungsvolles Denken).
Habe der Tierärztin von meiner Öl-Odyssee erzählt, woraufhin sie verschmitzt schaute und ein Fläschchen Dermanorm hervorzauberte. Der nette Hersteller hat sich schon die Mühe gemacht, diese ganzen Omegas sorgfältigst ausgewogen zusammenzustellen. Hmmm ... das erleichtert die Sache um Einiges. Die Sucherei hätte ich mir also glatt ersparen können.

Am Abend dann, nach dreiwöchiger Pause, fing der nächste zweiwöchige Inhalationszyklus für Hector, Lily und Jack wieder an. Die Grauen sind da sehr entspannt, aber Jack mag das gar nicht. Nun ja, da muss er durch.
Wegen Hector mache ich mir immer noch ein bisschen Sorgen, da sein Gefieder immer noch vergleichsweise dunkel ist, obwohl schon besser als zur schlimmsten Zeit. Ich denke, dieses ewige krank sein hat ihm dann doch ein wenig auf die Leber geschlagen. Habe dann mit der Tierärztin über Leberentgiftung gesprochen. Ich hatte auf amerikanischen Webseiten verschiedene Sachen über Aloe Vera Detox gelesen, wovon sie aber nicht so wirklich überzeugt schien. Stattdessen hat sie mir was anderes gegeben (Name ist auf der Flasche zu Hause), was ins Trinkwasser gegeben werden soll. Gute Idee – nur Hector durstet lieber. Habe es dann heute Morgen über Futterneid versucht – Jack frisst ja wirklich alles. Auch das hat nichts genützt. Ich überlege immer noch, ob ich ihm das wirklich vortrinken sollte, bäääähhhh. Denn was ich esse oder trinke, will er eigentlich immer. Das war's aus dem Land der Fids (feathered Kids) für heute.

Das mit dem Austricksen habe ich schon versucht, aber er ist leider in der Hinsicht so gar nicht blöd. <lach>
Danke der Nachfrage: Die Federn bekomme ich erst, wenn ich das Öl mitfresse. Aber das mögen sie alle glücklicherweise auch so. Phew. Bei aller Liebe, aber was zu weit geht, geht zu weit.

20.06.2002

Meine Tierärztin erklärte mir, dass der Eliza-Test für Giardien viel besser und genauer sei als dieser Test, bei dem man losrennen muss, um innerhalb von zehn Minuten mit allem fertig zu sein.Aber, Volltreffer, Nikita hat Candida. Die parasitologischen Tests sind glücklicherweise negativ zurückgekommen. Hefen sind ja so viel leichter zu behandeln und wegzukriegen wie Giardien! Habe soeben das Mittel in der Apotheke bestellt. Jetzt darf ich ihr erst mal eine Woche lang jeden Tag vier Milliliter sicherlich scheußlich schmeckendes Zeugs einflößen. Sie wird mich lieeeeben.

24.06.2002

Seit gestern habe ich mithilfe von Benny-Luca Gitter im Vogelzimmerfenster. Juchuhhh!!! Ganz herzlichen Dank nochmal an Chris! Die Agas finden die Gitter am spannendsten. Sie hängen ständig dran und schauen raus. Nikita lief aufgeregt mit aufgeplustertem Gefieder und schlagenden Flügeln herum, so wie sie es macht, wenn sie beim Duschen Spaß hat. Heute Morgen saß sie in nur zwei Metern Entfernung zum Fenster. Sie geht sonst nie zum Fenster, sondern sitzt immer am anderen Ende des Zimmers. Jack scheint es gar nicht richtig gemerkt zu haben, oder zumindest nicht spannend zu finden, genauso wie die Grauen.
Seit drei Tagen habe ich die Faxen mit der Sprühflasche für die Aras satt und dusche lieber zweimal. Einmal mit Nikita und Jack im Doppelpack und anschließend mit Grauen-Doppelpack. So werden sie auch richtig nass. Die

Begeisterung hält sich in Grenzen. Aber zumindest versucht keiner zu fliehen. So schlimm kann es also nun auch wieder nicht sein. Platz zum Herumtoben und Flügel schlagen ist in der Dusche ja ohnehin nicht.

Bei Nikita sprießen auf einmal ganz doll die Federn. Ob es an den ungesättigten Fettsäuren liegt, die sie jetzt seit einiger Zeit täglich ins Essen gemischt bekommen oder an der Hefepilzbehandlung seit vier Tagen, vermag ich nicht zu sagen. Aber ich freue mich natürlich trotzdem und hoffe sehr, dass sie die neuen Federchen endlich mal längerfristig stehen lässt.

Mit dem Medikament kann Nikita sich leider überhaupt nicht anfreunden, obwohl es eigentlich recht gut und nach Obst schmeckt. Ja, ich hab's probiert. Sie hat wirklich keinen Grund, sich so anzustellen.

Es sieht dann so aus, dass ich ihren Kopf „fangen" muss, um ihr das Medikament einzuflößen. Dabei fühle ich mich wie ein Schlangenfänger, denn ich vermeide es, ihrem Schnabel zu nahe zu kommen. Sie wehrt sich schon recht heftig. Habe ich erst mal den Kopf mehr oder weniger sicher im Griff, wird das Medikament in den Schnabel gespritzt. Danach halte ich ihren Kopf noch was fest und versuche sie zum Runterschlucken zu bewegen. Sobald ich sie loslasse, wird der Rest, den sie immer noch schafft, irgendwie zu bunkern, wieder rausgeschleudert.

Eines ist sicher, meine Wände sind ihre Hefen auf jeden Fall los. Hätte man doch bloß einen Satz Hände mehr. Heute Morgen war ich schon in der Apotheke und habe sie dazu überredet mir noch eine Flasche – ohne Rezept! – zu bestellen.

Der Effekt bei Nikita ist der, dass sie jetzt in der Persönlichkeit etwas extremer reagiert. Zum einen kommt sie ständig angelaufen, um sich durchkraulen zu lassen, zum anderen zwickt sie jetzt ganz schön heftig, wenn sie meint, man will sie hochnehmen.
Ist ja auch verständlich. Erst bekommt sie drei Wochen lang Spritzen, die sie hasst, und jetzt ein Medikament, die Arme. Ich halte ihr jetzt mit einer Hand den Schnabel fest und hebe sie mit der anderen Hand an einem Fuß hoch, wenn ich sie schnappen muss.
Interessanterweise ist sie sofort wieder ganz lieb, sobald sie auf dem Arm sitzt. Da sie sich ja auch vielmehr um Zuwendung bemüht, als vorher, befürchte ich auch nicht, dass durch diese neuesten Aktionen das Vertrauen wieder in die Brüche geht. Das war's für heute aus Geierland.

Danke für die Tipps. Abgesehen von Verschlucken hätte ich auch Angst, den Vogel dabei unnötig zu stressen. Und wir wissen ja alle, dass Stress das Immunsystem unterdrückt. Also nicht unbedingt etwas, was man bei einem ohnehin schon kranken Vogel provozieren möchte. Stattdessen versuche ich, den Schnabel etwas hochzuhalten, damit es einfach den Hals runterläuft.
Die Candida ist ja bei Nikita im Magen-Darm-Trakt. Deswegen soll die Medizin diesen gesamten Bereich inklusive des Schnabels und der Kehle überziehen und da auch eine Zeitlang verweilen, damit sie wirken kann. Deswegen soll

sie eigentlich vorher und nachher erst mal nichts essen. So viel zum Thema mit Leckerbissen besänftigen – grmpf.

Danke für die guten Wünsche. Ich halte Nikita so ungern ins Handtuch eingewickelt, da sie das unnötig stresst. Aber heute Abend war sie schon viel entspannter. Ich habe sie einfach auf die Kommode gesetzt, ihr den Kopf gekrault und dann festgehalten. Ich brauchte nur recht leicht zu halten am Anfang. Am Schluss fester weil sie dann natürlich versuchte, alles rauszuschütteln. Aber heute Abend ist der größte Teil in ihr drin geblieben. Wir haben ja noch zehn Tage zum Üben. <mit den Augen roll>

08.07.2002

Aaalso, auch diese Medizingaberunde haben Nikita und ich jetzt weitestgehend unbeschadet überstanden.
Mittlerweile mag Nikita auch duschen, und sie quasselt mir die Ohren voll („Hi, Love"), während ich das Wasser einstelle. Aus irgendeinem Grund mag Jack das Duschen aus der Sprühflasche lieber als die Dusche. Vielleicht liegt es auch daran, dass in der Dusche nicht genug Platz zum Flügelschlagen ist, er aber beim Duschen toben möchte.
Niedlicherweise erwische ich Nikita und Jack jetzt schon fast täglich beim Schnäbeln. Zwar nur kurz, aber immerhin.
Mittlerweile sind sie auch nicht mehr so rabiat miteinander, obwohl sie sich scheinbar noch nicht so wirklich einigen

können, wer wen füttert. Also sind beide oben bzw. beide unten. Das ist so eine Art Parallelschnäbeln. Anschließend würgt Jack Futter hoch, was er dann aber selbst zerkaut, bevor er es wieder runterschluckt. Naja, er hat halt noch einiges zu lernen.
Nikita, die Musikalische, lernt gerade, mit mir zu tanzen. Während ich ihr vorsinge – lacht ruhig, SIE mag das –, halte ich sie mit der Hand am Schnabel. Manchmal reicht sie mir sogar ihren Fuß. Dann wippen wir zusammen zur Musik hin und her. Mal schneller, mal langsamer.
Jack ist so anhänglich, dass er überall hinterherkommt. Er kennt wirklich kein Hindernis außer der Tür, was ihn davon abhält, mir auf seinen kleinen Stummelbeinen hinterherzurennen. Aber wenn ich zu Hause bin, sperre ich die Tiere ungern ein. Die Flügel benutzt er nur im absoluten Notfall. Obwohl er gerne täglich ausgiebig auf meiner Hand, hoch über den Kopf gehalten, Flugübungen macht.

10.07.2002

Hector fliegt immer besser. Er kommt jetzt etwa drei Meter weit, da jetzt endlich ein paar Federn nachgewachsen sind. Eigentlich immer noch zum Heulen. Aber man kann das Licht am Ende des Tunnels sehen. Mit zunehmender Flugsicherheit wird er auch sicherer im Klettern und immer frecher. So liebt er es derzeit, den Aras und Lily aufzulauern und ihnen in die Zehen zu zwicken.
Lily wehrt sich lautstarkt, Nikita krabbelt blitzschnell um ihn herum, holt sich ihren Leckerbissen und zieht sich

wieder zurück. Jack droht mit aufgesperrtem Schnabel, tut aber, wie immer, keinem was.
Jack und ich spielen Fangen. Ich laufe und verstecke mich. Er krabbelt hinterher, und es gibt ein großes Jauchzen, wenn er mich „findet". Gestern ist er sogar zweimal freiwillig von seiner Sitzstange heruntergeflogen – vielleicht kommt das ja noch. Wegen des Inhalierens sind wir immer noch im Turnus zwei Wochen und dann drei Wochen Pause bei Jack und den beiden Grauen.
Nikita schaut gerne zu, wenn wir alle im Wohnzimmer sind, zieht es aber meist vor, im Vogelzimmer vor dem Wanddurchbruch sitzen zu bleiben und bloß zu schauen. Die letzten Tage hat sie jedoch angefangen, mehrfach ganz deutlich zu signalisieren, dass sie jetzt auch will. Sie macht das, indem sie ihren Körper in die Richtung streckt, in die sie will. Ich flitze natürlich hin. Sie steigt auf die Hand und kommt mit aufs Sofa, wo sie selbstverständlich einen dicken Jackpot bekommt.
Ich muss auch ihren Kot demnächst noch mal testen lassen, um sicherzugehen, dass das Medikament die Candida platt gemacht hat.

22.07.2002

Der Aloe-Vera-Test bei Nikita ist eindeutig verlaufen. Einreiben mit Aloe Vera soll bei Rupfern helfen. Nun ja, dachte ich, wieder so ein „Geheimrezept". Da habe ich es mal streng wissenschaftlich ausprobiert, indem ich das Aloe-Vera-Gel auf die linke Körperhälfte auftrug und die rechte

Körperhälfte freiließ. Fazit nach zwei Wochen: Die Aloe-Vera-Seite hat deutlich weniger neue Federn. Ich vermute, dass Nikita das eklige Zeug von den neuen Flaumfedern zu gründlich abputzt.

Jack fängt jetzt an, ein bisschen zu fliegen. Wir üben „Komm" vom Kaffeetisch auf den Arm.

Fazit: Von festen Oberflächen hebt er gut ab. Bei wackligeren Unterlagen fühlt er sich sichtbar unsicher. Vom Ast kommt er gar nicht geflogen. Vom Stand aus braucht er einige Zeit, um Mut zu fassen.

Mittlerweile kommt Jack am Wochenende morgens zu den Grauen und mir ins Bett gekrabbelt. Die Grauen werden immer entspannter, halten aber immer noch einen, was ich gut finde, Sicherheitsabstand ein. Die Grauen kommen auch immer mit, wenn ich bade. Dann sitzen sie auf der Badewannenablage aus Holz – sehr zerkaubar, von Ikea – oder auch auf der Duschstange.

Neuerdings kommt Jack auch hier immer mit dazu und setzt sich neben mich auf den Badewannenrand. Von dort beugt er sich gaaaanz vorsichtig vor, um das schöne warme Wasser aus der Badewanne zu trinken. Nix mehr mit gemütlichen fetten Schaumbädern, andererseits ist es ja soooo niedlich.

Nikita, die Musik – ja auch mein Singen – liebt, wird zur ausgesprochenen Tanzmaus. Gehe ich zu ihr hin und sage „Wanna dance?", hebt sie ihre linke Kralle – sie darf führen – , die ich in meine rechte Hand nchme. Dann wippen wir zusammen zur Musik. Demnächst Walzer linksherum.

Sie hat doch schon längst ein Silberlöffelchen im Schnabel. Nur mit dem Kristall will es noch nicht so ganz klappen.

29.08.2002

Soooo ... ich dachte, es ist mal wieder Zeit für Neuigkeiten. Nikita lässt sich jetzt morgens immer ganz süß von mir nach dem Duschen in ein Handtuch einwickeln. Nur ihr Gesichtchen schaut raus. Sie sieht dabei aus wie eine alte Omi und brabbelt genüsslich vor sich hin, während sie sich von mir abrubbeln lässt. Anschließend bekommt sie ihr nacktes Bäuchlein neuerdings mit Öl eingerieben. Auch diese kleine Massage genießt sie sichtlich.
Jack schafft es mittlerweile, ganze zwei Meter zu mir hinzufliegen. Hat zwar ewig gedauert, da wir die Strecke millimeterweise erweitern mussten. Aber jetzt kann er es. Bin mal gespannt, wie lange es noch dauert, ehe er es schafft den Raum zu durchqueren.
Hatte ich schon erzählt, dass Jack sein erstes Wort gelernt hat? Hallo – in den verschiedensten Tonlagen und Betonungen. Hallo! (nachdrücklich), Hallooooo??? (fragend) etc. Außerdem macht er mein „Mmmmmmhhhh“ nach, mit dem ich immer besondere Leckerbissen ankündige. Nur bei ihm bedeutet das nicht, dass ich etwa einen Leckerbissen bekomme, sondern, dass jetzt bitte Nachschub gefällig wäre. Nachdem ich großen Verdacht geschöpft habe, dass Nikita die Karotten doch links liegen lässt, schmuggele ich außer den ungesättigten Fettsäuren jetzt auch noch den guten Hipp-Bio-Möhrensaft in den allabendlichen Aufzuchtbrei.

Somit müsste sie nun wirklich genug Pro-Vitamin A bekommen. Ab und zu gibt es auch Lebertran. Jack zuzelt einfach genüsslich die Kapseln aus dem Reformhaus aus, die Grauen übrigens auch. Bei Nikita muss ich trickreicher vorgehen. Außer den Aras nehmen im Übrigen auch die Grauen und mittlerweile sogar Jazz, das Aga-Männchen, an der allabendlichen Aufzuchtbreiorgie teil.
Nachdem der letzte Schnabelschleiftermin bei der Tierärztin ungeheuer stressig war – Nikita schrie wie am Spieß, und Jack ist mir fast umgekippt – mache ich das jetzt selber. Zuerst habe ich versucht, das mithilfe einer papageienfreundlichen Freundin zu machen. Aber auch da wurde Jacks Gesichtshaut ganz gelblich pergamentartig, was bei ihm ein Zeichen von höchstem Stress ist. Anschließend kauerte er vollkommen erledigt am Boden. Das will ich ihm wirklich nicht zumuten. Aber Schleifen muss sein, da ihm ja der Oberschnabel größtenteils fehlt.
Also habe ich es mal im Alleingang versucht. Jack von Kopf bis Fuss in ein großes Badetuch eingewickelt, unter den Arm geklemmt und ihm mit dem Dremel zu Leibe gerückt. Großes Erstaunen: Da brauche ich noch nicht mal irgendwas in den Schnabel zu klemmen. Den kann ich einfach mit meinen Fingern der freien Hand offenhalten. Völlig entspannt, der Gute. Vielleicht werden wir es irgendwann mal ohne Handtuch machen, aber im Moment ist mir die Verletzungsgefahr einfach zu groß, da Jack nie mehr als zweieinhalb Sekunden stillsitzen kann. Im Handtuch muss er stillhalten. Bei Nikita war es noch einfacher. Nun gut, sie ist ja auch jahrelanges Schnabelschleifen gewohnt.

Im Vergleich dazu: Bei der Tierärztin haben wir die Geier zu zweit festgehalten, während der Dritte schliff. Zeitdauer mit An- und Abreise ungefähr zweieinhalb Stunden.
Hier mache ich alles alleine. Es dauert fünf Minuten mit Pausen für Küsschen etc. Somit kann ich es auch öfter machen. Dies hat zwei Vorteile. Es wird zur Gewohnheit, und man muss nicht so viel auf einmal abschleifen. Ist also vermutlich auch für den Schnabel und die Gewöhnung besser.

30.08.2002

Nikitas nackte Stellen reibe ich mit Babyöl ein. Gestern habe ich mir Weleda-Calendula-Öl gekauft. Hat aber Erdnuss- statt Sesamöl, schade! Das Babyöl mag Nikita sehr. Mit dem Calendula-Öl konnte ich sie heute Morgen nicht begeistern. Sie lief einfach meinen Arm hoch, statt brav sitzen zu bleiben. Nikitas Haut wirkt so trocken und schuppig, dass es mich beim Anschauen schon juckt. Das Öl hilft. Deswegen gebe ich ihr auch die ungesättigten Fettsäuren und Speisen, die Pro-Vitamin A enthalten. Sie sind gut für die Haut. Das Einölen mache ich erst seit drei Tagen. Also kann man in Bezug auf die Federn noch nichts sagen. Es wächst ja alles nach. Aber sie rupft es wieder aus. Organisch ist sie in Ordnung. Sie ist ja ausgiebig getestet worden.
Psychologisch hat sie sich auch sehr gemacht. Das Rupfen kann natürlich eine Angewohnheit sein, die man brechen muss. Ich hoffe deshalb, dass ihr das Öl nicht schmeckt. Vielleicht trägt die juckende Haut weiter dazu bei, dass sie die neuen Federn einfach nicht in Ruhe lassen kann. Ein

Erfolgserlebnis ist, dass sie unter den Schwingen jetzt auf jeder Seite fünf bis sieben neue Federn hat, die mittlerweile mehrere Zentimeter lang sind und wunderschön in Reih und Glied stehen. Noch nicht einmal angeknabbert sind die. Aber es gibt halt immer noch sehr viel nackten Vogel an ihr. Über Bananen habe ich einen Bericht gelesen, nach dem diese, ganz knapp zusammengefasst, einen Wirkstoff enthalten, der dazu führt, dass die Federn sehr leicht ausfallen. Da Bananen eine von Nikitas Lieblingsspeisen sind, könnte das natürlich auch eine der Ursachen sein.
Ich habe mir jetzt erst einmal das Buch „Comparative Avian Nutrition“, das sehr gut sein soll, zu dem Thema bestellt. Muss das alles erst mal überprüfen, ehe ich sie ihrer geliebten Bananen beraube. Obwohl, so viel Banane bekommt sie bei mir eigentlich nicht, da ich Bananen für eher leere Kalorien halte: sehr viel Zucker und nicht so sehr viel Vitamine. Nur viel Kalium haben sie.
So, und hier noch was zum dreckig Lachen. Da ich unendliche Mengen Resturlaub abbauen muss, versuche ich jetzt öfters, freitags freizunehmen. Heute Morgen hatte ich Nikita und Jack im Bett. Nikita liebt es, unter die Bettdecke zu kriechen und zu kuscheln. Jack mag das eigentlich gar nicht, aber nachdem Nikita da saß, musste es ja gut sein, also kroch er auch drunter.
Das passte ihr wiederum überhaupt nicht, und in ihrem – erfolgreichen! – Versuch, Jack dort wieder zu vertreiben, hat die kleine Ziege mich voll in den Busen gebissen! Auuuuaaaaa!!!!!! <lach> Das hat man also von diesen vermenschlichenden Kuschelaktionen!!!

Der arme Jack läuft Nikita überall hin hinterher und versucht ständig sie mehr oder minder gewaltsam zu füttern. Er glaubt mir einfach nicht, wenn ich ihm sage, dass er noch viel zu jung ist und sich eigentlich noch nicht für Mädels zu interessieren hat. Seine Hartnäckigkeit zahlt sich langsam, aber sicher aus. Immerhin schnäbeln sie jetzt ab und zu mal kurz, auch wenn sie sein Hochgekotztes weiterhin verschmäht, so wie ich im Übrigen auch.
Während ich dies schreibe, sitzt Jack übrigens auf meiner Schulter und putzt mir ausgiebig die Haare.

20.09.2002

Bei Nikita hat es heute Abend einen großen Durchbruch gegeben. Sie fühlt sich eigentlich nur im Vogelzimmer oder auf meinem Bett wohl, und da auch nur für begrenzte Zeiträume. Wenn sie für mehr als 10 bis 15 Minuten woanders sitzt, wird sie normalerweise sehr nervös und möchte unbedingt wieder auf ihre „sicheren" Orte zurückgebracht werden. Heute Abend thront sie jedoch, während ich dies schreibe, auf meiner Schulter und putzt sich und mich; leider eher unsanft.
Wie das kam, weiß ich noch gar nicht so genau. Sie hat Leckerbissen in der üblichen Art eingefordert, indem sie zu dem Sitzast kam, der vor dem Durchbruch zum Vogelzimmer ist, und einen Fuß hochhob. Ich nahm sie also wie immer auf den Arm und wollte ihr einen Leckerbissen geben. Den hat sie aber verweigert. ??? – das ist noch nie geschehen. Mandeln frisst sie bis zum Platzen. Stattdessen

ist sie mir nichts, dir nichts auf meine Schulter hochgeklettert, als ob sie noch nie was anders getan hätte. Tja, und da sitzt sie nun, lässt sich von mir kraulen und pflegt jetzt meine Bluse, nachdem ich bei der Pflege meiner Nackenhaut zu sehr protestiert habe (AUA!!!).

Ganz schön schwer ist sie mit knapp einem Kilo. Ich bekomme schon einen Krampf in der Schultermuskulatur, sodass ich sie bald zurücksetzen werde. Man will es ja auch nicht gleich übertreiben. Aber ich bin dennoch total glücklich. Einen größeren Beweis für das gefundene Vertrauen hätte sie wohl kaum bringen können.

Nikita ist auch nicht so eine begnadete Kletterin und fühlt sich bei Bewegung schnell unsicher. Das äußert sich dadurch, dass sie ihre Beinchen schon am Hüftgelenk ganz steif hält. Sie ist wohl daher viel belastender auf der Schulter, als Jack, der sich mit gut 50 Prozent mehr Lebendgewicht viel leichter anfühlt, da er sich besser mitbewegt und das Gewicht nach Bedarf mitverlagert.

24.09.2002

Nach diesem neuen Vertrauensbeweis geht es zügig weiter. Nikita wurde von dem Vorvorbesitzer unsensiblerweise im Vorgarten „ausgestellt". So hockte sie dann in Phoenix, Arizona, „schön" gestutzt auf einem T-Stand in der prallen Sonne. Dort wurde sie von Nachbarn und vorbeifahrenden

Autos begafft und der Himmel weiß, was sonst noch. Es ist, glaube ich, unnötig zu sagen, dass sie einen absoluten Horror vor T-Ständen hat und am liebsten in ihrer vertrauten Umgebung herumhockt. Jetzt hat sie aber das Dilemma, dass sie im Vogelzimmer sitzt, wo sie sich sicher fühlt, wir anderen aber im Wohnzimmer sind, wo sie sich nicht sicher fühlt. Ab und zu lässt sie sich kurz mit zum Sofa tragen und ein paar Minuten lang kraulen. Aber sehr schnell will sie wieder in ihren Sicherheitshort.

Dort sitzt sie dann auf dem Zweig, der durch den Durchgang zum Wohnzimmer gespannt ist, und schaut uns – wie ich meine – sehnsüchtig zu. Ich gehe dann natürlich sehr oft zu ihr hin, um sie zu streicheln. Aber das ist halt doch was anderes, als dabeizusein. Man spürt halt, wie es sie hin- und herreißt.

Seit zwei Tagen übe ich jetzt mit ihr, auf den T-Stand im Wohnzimmer zu krabbeln. Und gestern ist sie zum ersten Mal richtig (Juchuhhh!), mit beiden Füßen draufgegangen. Sie hat sich, sobald das Training mit Jack anfing – ja, auch Nikita erkennt den Clicker sofort – auf dem Ast mit hoch erhobenem Fuß hingesetzt. Das ist das Signal der Geier an mich, wenn sie hochgenommen werden wollen.

Da saß sie dann auf meiner Schulter und schrie jedesmal erbost, wenn Jack auf ihrer Schulter (sprich auf ihr) landen wollte. Ihn interessierten natürlich nur die für sie bestimmten Leckerbissen. Mit dem Targetstick habe ich sie dann nach und nach meinen Arm bis zum Stand runtergelockt, und irgendwann hatte sie einen Fuß auf dem Stand, um noch an den Targetstick dranzukommen. Jackpot!

Den Abstand zum Targetstick habe ich immer weiter vergrößert bis sie irgendwann ganz auf den Stand ging, ganze zwei Millisekunden lang. ☺ Irgendwann konnte ich mich kurz von dem Stand entfernen. Superjackpot! Sie müsste sich eigentlich mittlerweile vor Mandeln ekeln, so viele davon hat sie bekommen. <lach> Ist das nicht super? Wenn sie anfängt, über ihre Ängste hinwegzukommen, könnte das ihre Lebensqualität entscheidend verbessern!
Natürlich gab es auch wieder ordentlich was zu lachen. Jack hat nämlich im Zusammenhang mit dieser Aktion auch deutlich gelernt, was „No, stay" heißt, weil er ja nicht ständig in die Quere kommen sollte. Bei so vielen köstlichen Mandeln erfordert das natürlich eine eiserne Willensstärke, der Ärmste. Etwas später wollte ich ihn dann zum Schlafen ins Vogelzimmer zurücksetzen und sagte „Down". Daraufhin blickte der kleine Strolch mich von unten ganz verschmitzt an und sagte laut und deutlich „No". <lach>

25.09.2002

Der T-Stand ist bei mir eine Tischplatte aus dem Baumarkt mit Rollen drunter. Darauf habe ich ein langes Vierkantholz geschraubt, auf dem, eben das T – wie User Olly richtig bemerkte: ein Schaufelstiel – befestigt ist. Ich habe den Schaufelstiel gewählt, weil er unterschiedlich dick ist. Das ist besser für die Füße. Im Wohnzimmer habe ich zwei solche T-Ständer in verschiedenen Dicken stehen. Außerdem einen „Strauß" dicker Äste in einer Bodenvase, einen an einen Hocker geschraubten großen verzweigten Ast und

einen Ast im Fenster. Von all diesen ist besagter T-Stand am stabilsten. Das ist Nikita sehr wichtig. In die Äste bekommt man sie noch weniger hinein, weil sie sehr wacklig sind und auch nicht so zugänglich; schräg, etwas verwuchert, na Äste eben. Da diese Übung Nikita schon genug Überwindung kostet, muss die gewählte Sitzgelegenheit bombenfest stabil sein, leicht zugänglich für sie und für mich, damit ich ganz dicht bei ihr stehen und sie sich jederzeit ohne große Herumturnerei auf mich retten kann.
So wie ich ihr im Vogelzimmer nach und nach beigebracht habe, vom Käfig auf erst einen Ast, dann auf verschiedene Äste und zuletzt auf Seile zu klettern, werde ich Nikita auch hier nach und nach beibringen, sich auf die verschiedensten Sitzgelegenheiten zu begeben. Ziel ist, dass sie sich überall sicher und vielleicht sogar wohl fühlt. Ich denke zwar, dass der T-Stand sie an den Vorgarten in Arizona erinnern könnte, habe den Stand allerdings nie selbst gesehen. Er könnte auch ganz anders ausgesehen haben als das, was ich bei mir habe. Das eigentliche Problem ist ja auch viel größer. Das ist ihr mangelndes Sicherheitsgefühl an sich. An dem arbeiten wir in den verschiedensten Formen und mit langsamem aber stetigem Erfolg seit Monaten.

28.09.2002

Nikita und Jack sitzen, während ich dies schreibe, auf je einer Schulter. Wobei Jack allerdings gerade seinen Hyperaktiven hat und uns beide durch sein Rumzappeln nicht unerheblich nervt.

08.10.2002

Wie kommt Ihr nur darauf, dass an meinem Notebook die eine oder andere Taste fehlen könnte?????????? ☺
Wegen Jacks Schnabel: Zuerst ist er ewig lange gar nicht nachgewachsen, bis ich dann die Dinge selbst in die Hand genommen und den Unterschnabel recht massiv gekürzt habe. Ich bilde mir ein, dass der Oberschnabel jetzt angefangen hat, etwas zu wachsen. Oder genauer, dass er jetzt nicht mehr so stark vom Dagegenschrubben des Unterschnabels abgenutzt wird.
Ich werde versuchen, den Unterschnabel sukzessive weiterzukürzen bis er richtig unter den Oberschnabel passt. Das muss langsam geschehen, da ich nicht zu viel kürzen möchte. Außerdem muss Jack sich fresstechnisch auch immer wieder dran gewöhnen. Schaun mer mal.
Wegen Costa Rica: Das ist noch in der Planung. Ich lasse das von einer Lateinamerika-Agentur organisieren, da ich keine Gruppenreisen mag. Wir sind jetzt beim zweiten Durchlauf, also beim Feinschliff sozusagen. Strandurlaub und Plantagenbesuche habe ich gestrichen. Dafür brauche ich nicht um die halbe Welt reisen. Dafür soll Abseilen durch einen Wasserfall und die Canopy-Tours – da hangelt man sich an einem Seil durch die Baumkronen des Dschungels und kann so, wenn's gut läuft, besonders viele Tiere sehen – rein. Außerdem wollte ich mehr ornithologische Ausflüge. Das alles innerhalb von zwei Wochen <grööööhl>, schlafen kann ich dann, wenn ich wieder im Büro bin.
Die Papageiensitterin ist selber auch Papageienbesitzerin. Ich habe sie bei der Tierärztin kennengelernt. Also ist es

die beste Voraussetzung, da sie die Tiere wirklich mag und auch noch die gleiche Tierärztin hat, wenn mal was sein sollte. Wir treffen uns regelmäßig, sodass die Tiere sie auch gut kennen.

17.10.2002

Haha – träum weiter. Die waren mal „über", aber bei mir sind sie es nicht!!! Schade, dass Du nicht näher wohnst. Einen guten Babysitter für die Geierleins kann ich immer brauchen. Aber schau Dich mal um, es gibt so viele Papageien, die ein gutes Zuhause suchen. Da wirst Du sicherlich fündig werden, wenn Du das wirklich möchtest.
Wenn man die Tiere so sieht, dann bemerkt man ja nur das Positive und nicht die harte Arbeit und den Frust, wenn es nicht so läuft, wie man sich das vorgestellt hat. Das muss einem an sich schon furchtbar viel Spaß machen. Sonst wird man selbst sie vielleicht auch vernachlässigen, wenn die Erfolge nicht so schnell kommen, wie man sie gerne hätte.
Ich hätte mir nie träumen lassen, dass Nikita nach einem dreiviertel Jahr noch immer total kahl ist. Und was haben meine Tierärztin und ich schon alles versucht und getestet. Und dann reißt die Kleine sich weiterhin Federn aus und schreit dabei vor Schmerzen. Es ist wirklich zum Heulen. Aber man muss sich halt auf das Positive fokussieren und weitermachen. Aufgeben zählt nicht.
Jack ist richtig plüschig. Er hat eine „Unterwolle" wie ein Bernhardiner.
Nikita geht übrigens seit Neuestem auch auf die Wackelleiter.

18.10.2002

Mittlerweile ist es spät. Alle sind schlafen gegangen. Nur Lily sitzt unter einem Handtuch auf meinen Bauch gekuschelt und leistet mir Gesellschaft, die treue Maus.
Nikita hat jetzt eine Reihe hellgelber Federn unter ihren Schwingen. Die sind nagelneu. Aus irgendeinem Grund hat sie die nicht ausgerissen. Ich habe ihr allmähliches Wachstum mit angehaltenem Atem beobachten können.
@Cornelia: Da hast Du wohl den Nagel auf den Kopf getroffen. Laut der „featherpicking"-Liste sollen rund 70 Prozent der Rupfer und Selbstverstümmler auf organische Ursachen zurückzuführen sein, also Parasiten, Leberschäden, Ernährungsmangel, usw, usf. Aber Nikita ist wirklich gegen alles, teilweise sogar mehrfach, getestet worden.
Es scheint wirklich „nur" eine schlechte Angewohnheit zu sein. Wenn man die nur irgendwie brechen könnte. Etwas besser wurde es nachdem sie gelernt hatte, Spielzeug zu kauen und sich zu bewegen. Leider waren selbst die kleinen Erfolge nicht nachhaltig, bis auf die Federn unter den Schwingen.
Nachdem Federn eine bestimmte Länge bei ihr haben, rupft sie sie nicht mehr aus. Das hindert sie allerdings nicht am Zerfleddern. Auch auf ihrer Brust hat sie so ein paar Federchen stehen lassen. Insofern hadere ich seit Längerem damit, ihr vielleicht doch mal eine Zeit lang einen Kragen umzulegen. Dann hätten die Federchen eine Chance, auf diese Mindestlänge heranzuwachsen. Habe aber auch eine irrsinnige Angst, dass dies Nikita emotional und motorisch arg zurückwerfen könnte.

Ich habe das bei einem meiner Grauen, der eine Brustwunde hatte, mal live miterlebt. Hector ist so lethargisch und depressiv geworden. Man hatte den Eindruck, alles sei ihm egal. Deswegen habe ich solche Angst davor. Obwohl Nikita viel mehr ein Stehaufmännchen als Hector ist. Wie dem auch sei, zum jetzigen Zeitpunkt bin ich nicht bereit, dieses Risiko einzugehen. Vielleicht über Weihnachten, wenn ich viel zu Hause bin und sie genauestens beobachten kann. Ich weiß nicht, welches die richtige Entscheidung ist.

21.10.2002

@Michael: Wir können ja ein Tauschgeschäft vereinbaren. Wenn Jack und Nikita so in sechs Jahren irgendwann mal eventuell die ersten Babys haben und Deine Inkas auch, bekommst Du Babys von mir gegen Babys von Dir. Bei Dir wüsste ich wenigstens, dass meine Babys gut aufgehoben sind.
Und Jack bleibt jetzt Jack.
@all: Danke für die lieben Wünsche!

22.10.2002

Berichte stolz: Nikita hat gestern ihre erste Paranuss selbst aufgebissen! Während des ganzen Prozesses, so einfach war das nämlich nicht, habe ich sie für jedes Knabbern an der Nuss gelobt, und gelobt, und gelobt.

Jetzt muss ich selbst lachen. Während ich das gemacht habe, kam es mir vollkommen normal vor. Aber Du hast recht, wenn ein Dritter uns gesehen hätte, hätte der mich wahrscheinlich für vollkommen bekloppt erklärt.

07.11.2002

Berichte stolz, dass Nikita gestern Abend nicht nur bei der Essenszubereitung auf der Küchentür saß, sondern zum allerersten Mal – Trommelwirbel, tatatataaaaa!!! – beim abendlichen Bad zusammen mit Jack, Hector und Lily auf der Duschstange hockte und mit mir sabbelte. … und morgen fahr ich in Ferien – so ein Mist!!! Arghghgh!!! <lach>

Wir hatten dann übrigens noch einen Brüller, weil Nikita es geschafft hat, beim Aufbeißen einer Paranuss, diese auf ihrem Unterschnabel so fest aufzuspießen, dass sie die Nuss nicht mehr herunterbekam. Mit den Füßen herunterziehen klappte nicht. Am Ast abschieben funktionierte auch nicht. Dann habe ich festgehalten und wir haben beide gezogen. Nix – die Nuss saß fest. In ihrer Verzweiflung hat sie mich dann sogar mit einer Kneifzange an ihren Schnabel gelassen. Die Arme! <lach> Mit etwas Mühe hat die Nuss sich dann endlich gelockert, sodass ich sie abnehmen konnte. Ich dachte, Nikita würde nun schreiend vor dieser bösen, bösen Nuss Reißaus nehmen. Nix da. Sehr bestimmt, schnappte sie die Nuss wieder aus meiner Hand und kaute genüsslich weiter.

Vielen, vielen Dank für Eure lieben Wünsche und das Lob. Es ist schön, bestärkt zu werden!!! Ich werde mal versuchen, mich von unterwegs zu melden. Alles Liebe und bis bald.

14.12.2002

Wie es der Zufall so will, war der Verhaltenstierarzt, den ich am Anfang bezüglich Nikita konsultiert hatte, heute zu Besuch bei mir.
Aus dem Clickerforum wisst Ihr, dass wir planen, ein Clickertraining-Wochenendseminar im nächsten Frühling, vermutlich Mai, zu organisieren. Wie dem auch sei, er hatte Nikita seit Monaten, ich glaube es war ungefähr März oder April, nicht mehr gesehen, und somit waren die Veränderungen wohl sehr offensichtlich. Kurz und knapp: Er war hin und weg und zeigte mir deutlich jede Änderung auf, die er sah. Die Änderungen sind ja so graduell, dass man selbst den weiten Weg, den man zurückgelegt hat, gar nicht mehr erkennt.
Nikita kommt jetzt mehrfach am Tag von sich aus auf meine Schulter und verbringt längere Zeit außerhalb des Vogelzimmers. Sie geht sogar, man glaubt es kaum, zu Fremden, um zu schmusen und sich Leckerbissen abzuholen. Bei der Zubereitung des Abendessens hockt sie meist auf meiner Schulter oder auf der Küchentür. Am früheren Abend sitzt sie oft mit auf dem Sofa. Vor dem Schlafengehen spielt sie meist noch im Bett, und vergangene Woche hat sie sogar auf

meiner Schulter thronend mitgeduscht. Sonst sitzt sie dabei auf der Badauflage oder wird per Sprayflasche geduscht.
Sie ist eine recht behende Kletterin geworden, besonders wenn es darum geht an Leckerbissen ranzukommen. Dabei läuft sie problemlos und ohne Angst über frei, also recht wackelig, aufgehängte Äste, hangelt sich an Ketten um Hindernisse herum, läuft über Seile und sogar über die große Leiter und an Beinen, Armen und Pullis hoch und runter.
Sie ist wirklich unglaublich verfressen und probiert alles mal aus, auch wenn sie nicht alles mag. Gestern Abend probierte sie zum Beispiel zum ersten Mal Mozarella (köstlich). Anschließend saß sie beim Abendessen mit dem Kopf in meiner Pastaschüssel und hat sich den Bauch mit Nudeln (kein Salz natürlich) vollgeschlagen. Etwas, das sie früher nie gemacht hätte.
Auf dem Ast (der mit Blick ins Wohnzimmer), auf dem sie sonst immer gerne beim Rupfen saß (mit lautem Schmerzaufschrei bei jeder Feder) kaut sie heute mit Vorliebe an aufgehängten Leder- und Baumwollschnüren. Auch sonst hat sie mehrere Spielzeuge, an denen sie rumnuckelt- und frickelt. Unter anderem eines, aus dem sie mühsam Nüsse durch ein kleines Loch im Behälter rauspulen muss. Dabei zeigt sie wirklich eine Engelsgeduld.
Im Moment lasse ich sie abends inhalieren wegen Verdacht auf Aspergillose, bis ich sie nächste Woche zum Röntgen zur Tierärztin bringen kann. Dort werde ich sie auch gegen alle möglichen Metallvergiftungen testen lassen, die auch eine Ursache des Rupfens sein könnten. Sie ist wirklich klasse und geht problemlos in ihre Transportbox, wo natürlich ein

Leckerbissen auf sie wartet. Ihr Gefieder glänzt, und es ist auch ein bisschen mehr da als am Anfang. Leider scheinen die Federschäfte beschädigt worden zu sein. Denn obwohl sie viel weniger rupft als früher, leider hat sie immer noch nicht ganz aufgehört, wächst nicht so viel nach. Insbesondere Deckfedern kommen überhaupt nicht durch, nur ein bisschen Flaum.

Der Tierarzt will eine Fallstudie über Nikita schreiben und ärgert sich nur, dass er am Anfang kein Video über sie gedreht hat, denn ihr Verhalten hat sich wirklich gravierend verändert. <ganz-stolz-auf-sie-bin>

17.12.2002

Wie ich im Clickerforum schon schrieb, habe ich jetzt aufgrund meines neuen Jobs mehr Zeit. Und Nikita macht Riesenfortschritte! Sie steigt jetzt ganz zügig, ohne jegliches Zögern, von der Schulter auf die Hand und auf den T-Stand, wieder auf die Hand und auf den Boden. Außerdem geht sie jetzt nach nur zwei Trainingseinheiten <ganz-stolz-bin> auf Befehl in die Transportbox zum Inhalieren. Zusätzlich lernt sie, auf Befehl Flügel zu heben. „Hi Fives" und „Handshakes" kann sie ja schon länger. Aber es geht jetzt aufgrund des häufigeren Übens doch alles ein gutes Stück schneller.

01.01.2003

Zeit für Neuigkeiten: Das erste Silvester mit Jack und Nikita. Jack und ich waren am Abend zu einem Fondue Chinoise,

Brühe und Fleisch/Gemüse, bei einer Freundin mit zwei Kakadus eingeladen. Jack war auch sehr artig. Seinen Harness kann ich ihm mittlerweile „quer durchs Zimmer" anwerfen, was das Leben maßgeblich erleichtert. Denn so kann ich ihn auf der Schulter ins Auto tragen, wo er in eine Transportbox umquartiert wird, statt vier Altbaustockwerke mit diesem sperrigen Ding runterzukraxeln. Da Jack, der ja besonders klug ist, seinen Harness aber auch innerhalb von Sekunden aufbekommt, muss ich den Verschluss allerdings noch mit ein wenig Schnur sichern.
Wie dem auch sei, Jack hat beim Abendessen kräftig zugelangt (bitte nur Fleisch, kein Gemüse – bin doch ein Mann!), sodass ich dachte irgendwann platzt er. Gegen 22:00 Uhr haben wir uns dann verabschiedet und sind zurückgefahren, sodass wir gegen 23:00 Uhr wieder zu Hause waren, weil ich doch während der Knallerei bei den Tieren sein wollte. Kaum zu Hause angekommen, ist Jack auf seinen „Schlafdraht" ganz oben im Vogelzimmer gekrabbelt und hat Schicht gemacht. Das Gelage war auch zu anstrenged.
Hector ist kurz danach in seine Transportbox verschwunden, sodass „wir Mädels" allein gefeiert haben. Lily saß links und Nikita rechts auf der Schulter, und wir haben bei jedem Feuerwerk „Ohhhhhh" und „Ahhhh" gerufen. Als sie ganz ruhig waren habe ich dann auch Lily schlafengesetzt.
Nikita wurde, während ich mich umzog, um zur nächsten Party zu düsen, kurz auf dem Stand im Schlafzimmer geparkt. Was sage ich „kurz"? Sie wollte nicht mehr weg. Und als ich dann das Licht ausmachte und die Tür gaaanz langsam zuzog, sagte sie mehrmals ganz leise, aber

sehr deutlich „I love you". Ahhhh, da schmilzt das stolze Papageienmutterherz.
Als ich ungefähr zwei Stunden später wiederkam, saß Nikita immer noch ganz relaxed auf dem Stand. Ihr eifrigen Leser erinnert Euch sicherlich noch, wie wir üben mussten, damit sie überhaupt draufgeht. Wieder bot ich ihr meinen Arm an, um sie ins Papageienzimmer zu tragen, und wieder wollte sie lieber sitzen bleiben. Da es mittlerweile schon 2:30 Uhr war, dachte ich mir „wurscht" und ließ sie dort. Sie hat die ganze Nacht ruhig im Schlafzimmer geschlafen.
Dies ist mit Abstand der längste Zeitraum, den sie sich je aus dem Vogelzimmer herausgetraut hat. Meist wird sie innerhalb einer Stunde unruhig, und ich bringe sie zurück.
Der Einzige, der Panik bekam, war Jack, der heute Morgen als er aufwachte voll Schreck bemerkte, dass er allein im Papageienzimmer war. Die Agas zählen in dieser Hinsicht für ihn nicht. Glücklicherweise war es schon kurz vor zehn und so habe ich ihn auch ins Schlafzimmer geholt. Erst einmal gab es eine rührende Begrüßungsszene zwischen dem toughen Rabauken und seiner Nikita. Sie haben ganz zart mtieinander geschnäbelt, und dann fing der Tag an. Abgesehen davon, dass es das erste Mal für Nikita war, ist es absolut erstaunlich, dass sie gerade diesen Zeitpunkt gewählt hat.
Denn wir hatten am Montag einen Horror-Tierarzt-Besuch. War mit Jack und Nikita zum Röntgen da – und wie ich schon vermutete, hat Nikita wieder einen Aspergillose-Befund. Jack ist 1A kerngesund <freu>.
Dann haben wir bei Nikita noch Blut abgenommen für Schwermetalltests. Erst mal Zink und Blei, da man für jeden

Test zwei Milliliter Blut benötigt. Ich hatte nämlich gehört, dass es eine neue Studie gibt, die besagt, dass Rupfen oft auf chronische Schwermetallvergiftungen zurückzuführen ist. Wie dem auch sei, ihr wurde also Blut abgezapft. Aber dann hörte sie nicht mehr auf zu bluten. Es war entsetzlich. Da sie wohl auch recht panisch war, pumpte ihr Blut mit Druck aus der kleinen Einstichwunde.

Ich habe ihr dann einen mit blutstillendem Mittel getränkten Tupfer unter den Flügel gedrückt, aber es hörte einfach nicht auf. Überall war Blut. Ihr Gefieder und ich waren anschließend blutverschmiert. Es sah wirklich schrecklich aus. Die Tierärztin meinte, es wäre weniger, als es aussähe. Phew … aber wenn man so mittendrin steckt. Ich bin nun wahrlich nicht der Typ, dem bei ein bischen Blut schlecht wird. Meine Eltern sind beide Ärzte, sodass ich mit solchen Dingen aufgewachsen bin. Auf jeden Fall war alles ganz schrecklich, und wir beide waren fix und fertig. Alles in allem haben wir so zwei Stunden bei der Tierärztin verbracht.

Als wir nach Hause kamen, hatte Nikita dann auch dementsprechend ihr Verhalten geändert. In die Box wollte sie gar nicht mehr gehen. Auf den Schreck wollte ich sie inhalieren lassen, da ja so ein Stress das Immunsystem sofort herunterfährt, was bei einer bereits vorliegenden Aspergillose-Erkrankung gar nicht gut ist. Nach dem Inhalieren verzog sie sich vollkommen eingeschüchtert in die hinterste Sicherheitsecke auf dem Käfig im Vogelzimmer. Ich verzog mich auf den Schreck erst mal mit einem Bellini in die heiße Badewanne. Mann, war ich geschafft. Es ist unglaublich, wie einen so etwas mitnimmt.

Wie dem auch sei, Ende gut alles gut. Es ist einfach erstaunlich, wie sie nach einem solchen Erlebnis schlussendlich mutiger statt noch ängstlicher geworden ist. Als ich jetzt beim Computer saß, gab sie zunächst mehrere Kontakt-„Hallos" von „sich. Zuletzt krabbelte sie auf den Ast, der in der Tür zum Wohnzimmer hängt und signalisierte mir mit hochgehobenem Fuß, das machen alle meine Geier im Übrigen, sehr deutlich, dass Madame jetzt hochgenommen zu werden wünschen. So thront sie jetzt auf meiner Schulter während ich dies hier schreibe
So, das war's für heute. Euch und Euren Geiern wünsche ich alles Gute fürs Neue Jahr und liebe Grüße,

4.01.2003

Danke! Es geht uns jetzt schon gut – besonders Nikita! Gestern ist sie zum ersten Mal alleine vom Futterkäfig, auf dem sie gerne im Vogelzimmer sitzt, auf den Boden geklettert, um eine Schale Mandeln zu plündern. Die hatte sie auch verdient nach der Anstrengung. Ich vermute und hoffe, dass auch sie – wie Jack – jetzt bald auf eigene Faust losziehen und die Wohnung unsicher machen wird.
Später hatte ich anlässlich meines Geburtstags Überraschungsbesuch, und wir haben zusammen gekocht. Während der ganzen Zubereitung saß Nikita auf meiner Schulter, und auch während des Essens blieb sie bei mir. Sie ließ sich ungeniert mit Leckerbissen, Pasta, verwöhnen und war ganz entspannt, obwohl wir zu fünft waren. Und das bei Nikita, die ja eigentlich eher menschenscheu ist <freu>.

Heute Morgen saß sie auch auf meiner Schulter als ich das Futter vorbereitete. Anschließend hat sie, wenn auch eher etwas widerwillig, geduscht. Jack hat mittlerweile gelernt, sich bei den Leckerbissenschalen nicht mehr von den Grauen in die Flucht schlagen zu lassen. Stattdessen fliegt er kurzerhand mitsamt der ganzen Schale im Schnabel zu einem sicheren Ort und frisst dort weiter.

5.01.2003

Nennt mich eigen, aber mit der Leckerbissenschale davonfliegen finde ich eigentlich nicht sooo klasse.
Gestern hat Nikita wieder was Neues gemacht. Sie rannte Parcours um den Kaffeetisch im Wohnzimmer. Von der Ecke, unten durch, herum, wieder zur Ecke, dort Belohnung (Walnussstück) anfordern, auffressen, wieder losjoggen. Sie ist bestimmt 15-mal so um den Kaffeetisch gejoggt. Wenn die Kleine so weiter macht, bekommt sie noch Fussballerwaden.

6.01.2003

Ja, das stimmt, die Papas haben wirklich auf dem Boden einen sehr süßen täppischen Gang.
Heute Abend ist Nikita wieder auf den Boden geklettert. Nachdem in der vermuteten Ecke kein Leckerbissen versteckt war, taperte sie zu mir in die Küche, wo ihr auch alsbald ein Schälchen Pinienkerne gereicht wurde. Was dann unter heißen „Diskussionen" zwischen ihr und Jack,

der natürlich auch sofort dazu kam, aufgeteilt wurde. Dann haben wir quer durch die Wohnung „Komm" gespielt mithilfe einiger Mandeln. Ich glaube, jetzt ist sie sehr, sehr müde. <lach>

29.03.2003

Nachdem ich mich mehr als ein Jahr dagegen gesträubt habe, bekommt Nikita seit Mittwochabend letzter Woche Haloperidol. Meine Befürchtung war, dass sie vollkommen lethargisch werden würde. Aber nachdem wir alles gegen das Rupfen versucht haben und nur noch ein Kragen oder Haloperidol blieb, bin ich zu der Überzeugung gekommen, dass dies das kleinere Übel ist. Haloperidol (Butyrophenon Neuroleptikum) ist ein Psychopharmakum, das in der Humanmedizin bei schizophrenen Psychosen und Erregungszuständen eingesetzt wird.
Nachdem Nikita nach wie vor sehr nervös und verkrampft ist und ihr Rupfen mit ziemlicher Sicherheit verhaltensbedingt ist, durch diverse Tests und Versuche haben wir organische Ursachen ausgeschlossen, haben meine Tierärztin und ich dies einen Versuch für wert gehalten. Die Ergebnisse nach etwas mehr als einer Woche sind umwerfend. Überall sprießen neue Federchen, leider nur Flaum, die sie sogar stehen lässt. Ich habe den Eindruck, dass die Deckfeder-Follikel ziemlich zerstört sind. Die größte Veränderung hat sich beim Verhalten vollzogen. Anstatt, wie ich befürchtet hatte, lethargisch zu werden, hat sie ihre Angst verloren und ist so aktiv wie noch nie zuvor.

Sie geht in der Wohnung auf ausgedehnte Erkundungsstreifzüge und macht wirklich alles unsicher. Ihr größtes Vergnügen ist derzeit, sich auf alles draufzuhangeln, worauf Lampen stehen. Diese schmeißt sie dann zu Boden, hangelt sich wieder herunter und frisst genüsslich den Lampenschirm auf. Abgesehen davon hat sie den Radiowecker auf dem Nachttisch als ihren „Lieblingsast" auserkoren. Offensichtlich mag sie Elektrosmog.

Gleich in der ersten Nacht ist sie auf den Kletterbaum vor dem Fenster gekrabbelt und hat dort, aus dem Fenster schauend, ihre Nacht verbracht. Das ist sehr ungewöhnlich für sie. Nikita hat sonst Angst vorm Fenster und weigert sich in die Nähe zu gehen.

Die Beispiele ihres neuen Entdeckungsdrangs sind wirklich unzählig. Ich werde sie jetzt wohl doch noch ein wenig erziehen müssen, damit die Wohnung überlebt. Das war vorher ja völlig unnötig, sodass ich sie eigentlich immer nur verstärkt habe, wenn sie überhaupt irgendwas unternahm. Ich habe ein Monster kreiert! <lach> Aber ein sehr süßes.

Auf der negativen Seite hat Nikita richtig Gewicht verloren. Von 1026 Gramm ist sie innerhalb von ein paar Tagen auf 925 Gramm runtergegangen. Ob das mit dem erhöhten Aktivitätslevel zusammenhängt, oder ob sie durch das Mittel weniger Appetit hat, ist schwer zu sagen. Ihr Kropf ist allerdings nach dem Essen weniger gefüllt als vorher. Das kann natürlich auch damit zu tun haben, dass ich ungefähr zeitgleich angefangen habe, Lebertran ihrem Futter beizugeben. Das habe ich erst mal wieder abgesetzt und angefangen sie mit Aufzuchtbrei zuzufüttern. Das hat jetzt auch kurzfristig ihr Gewicht wieder um 20 Gramm erhöht. Auf jeden Fall wird sie vorerst täglich gewogen, um das Gewicht präzise im Auge zu behalten. Mal schaun, wie es weiter geht.

Bislang keine Nebenwirkungen, die ich erkennen kann. Rositas Kommentierung wegen Gewichtsabnahme finde ich interessant. Das werde ich also weiterhin im Auge behalten. Bei Vögeln ist mir dies als Nebenwirkung nicht bekannt. Stark sedierend oder nicht hängt auch von der Konzentration ab. Wir geben ihr so wenig, dass sie eben nicht lethargisch, sondern nur etwas entspannter wird. Haloperidol wird meines Erachtens in der Humanmedizin bei Schizophrenie angewandt. Muss mal meine Eltern fragen, beides Mediziner, mein Vater ist auch noch Psychiater, der müsste es ja wissen.
Vorerst haben wir drei Wochen vorgesehen. Die Arbeitshypothese ist, dass Nikita Federn, die eine gewisse Länge erreicht haben, nicht mehr rupft. Unter beiden Flügeln hat das ja mal geklappt. Danach würde ich das Mittel sukzessive ausschleichen. Das Ganze natürlich unter strenger Beobachtung und täglichem Wiegen, wie oben beschrieben.

30.03.2003

@ Alfred: Nee, habe ich auch nicht so verstanden. Keine Bange. Roland hat mich heute angerufen. Ich hoffe, er findet es nicht zu indiskret, wenn ich mich hier darüber äußere.

Ferndiagnosen sind immer sehr, sehr schwierig zu stellen, und der Vogeltierarzt sollte unbedingt eingeschaltet werden. Dies vorausgesagt, hört sich sein Charly für mich eher nicht wie ein Haloperidol-Kandidat an nach dem was Roland mir geschildert hat. Meines Erachtens wäre Charly ein guter Kandidat für eine Verhaltenstherapie. Er scheint, natürlich völlig unabsichtlich, darauf „dressiert" worden zu sein zu rupfen, um Aufmerksamkeit zu bekommen. Er muss jetzt lernen, dass Rupfen sich nicht lohnt, ein anderes Verhalten, zum Beispiel Plustern aber schon.

Ganz unabhängig davon sollte ein vogelkundiger Tierarzt konsultiert werden, um andere Auslöser wie Krankheit, Parasiten, Ernährung, Umfeld, von denen es ja etliche gibt, auszuschließen. Es kann ja durchaus auch mehr als eine Ursache geben.

Deine Bedenken, dass Haloperidol als einfache Kur fürs Federrupfen angesehen würde, hatte ich zunächst nicht. Das Medikament ist ja nicht frei erhältlich. Ich dachte eigentlich, dass ich in dem Thread meine Zweifel aufgezeigt hätte, allein schon von meiner Zeitspanne des Erwägens her, die mehr als ein Jahr betrug.

Nach den Reaktionen hier zu schließen, ist dies vielleicht doch nicht ganz so deutlich, wie ich gedacht hatte, rübergekommen. Deshalb sei es noch einmal ganz nachdrücklich gesagt, dass ich erst alles andere durchgecheckt und ausprobiert habe, ehe ich mich dazu entschloss, Haloperidol auszuprobieren. Das Medikament oder ein Kragen waren die letzten beiden Mittel, die wir noch nicht versucht hatten. Diejenigen, die diesen Thread von Anfang an mitverfolgt

haben, wissen, welch weiten Weg Nikita im letzten Jahr zurückgelegt hat. Dennoch hat sie nicht mit dem Rupfen aufgehört. Vielmehr hat sie einen gewissen Zyklus, in dem sie Federchen, die eine bestimmte Länge erreicht haben, ausreißt. Diejenigen, die über diese Länge hinausgewachsen sind, werden von ihr in Ruhe gelassen. Wir versuchen jetzt, diesen Zyklus zu durchbrechen.
Um alle Zweifel diesbezüglich zu stillen, möchte ich auch noch einmal betonen, dass meine Sorge bezüglich ihres Rupfens keine kosmetischen Ursachen hat. Das Rupfen schadet ihr. Sie schreit vor Schmerzen, während sie sich ihre Federn ausreißt. Außerdem hat sie ohne Federn auch weniger Schutz. Sie friert schneller. Ferner befürchte ich, dass sie mit der Zeit alle Follikel so stark beschädigt, dass gar nichts mehr wachsen kann.
Lebertran ist Vitamin-A-haltig und enthält außerdem ungesättigte Fettsäuren. Die Grauen und Jack mögen Fischöl und zuzeln genüsslich die Lachsöl-Kapseln aus der Apotheke. Da sie alle einen guten Schuss Vitamin A durchaus vertragen könnten, bin ich auf Lebertran gekommen, das ich ihnen versuchsweise übers Futter gieße.
Fressen tun sie es alle, nur dass Nikita weniger als sonst zu fressen scheint. Ich weiss nicht, ob das an dem Lebertran oder an dem Haloperidol liegt.
Auf jeden Fall füttere ich sie jetzt morgens und abends mit Aufzuchtbrei zu, damit sie ein bisschen „Speck" auf die Rippen bekommt. Nach wie vor wiege ich sie täglich. Abgesehen von ihrem Fressverhalten, verbrennt natürlich auch ihr stark gesteigerter Aktivitätslevel sicherlich gehörig Kalorien.

01.04.2003

Als ich gestern Abend nach Hause kam, war ich furchtbar in Eile, da ich noch einen Termin mit dem Architekten hatte, stürmte ins Vogelzimmer – Nikita war weg!!!
Wo zum Kuckuck war Nikita??? Nach einiger Suche fand ich sie auf dem T-Stand vor dem Fenster im Wohnzimmer als ob nichts gewesen wäre. Da sie ja gar nicht fliegen kann, war natürlich meine Frage, wie sie denn da rauf gekommen ist. Den Pfad der Destruktion zurückverfolgend, muss es ungefähr so abgelaufen sein: Falttür zwischen Vogel- und Wohnzimmer aufgestemmt, sodass sie durchschlüpfen konnte. Das hat selbst Jack noch nicht fertiggebracht. Von dort ist sie ins Wohnzimmer und auf das Sofa marschiert. Dann muss sie auf den Kaffeetisch geklettert sein. Die Indizien sind eine Klopapierrolle und eine geplünderte Tüte Walnüsse, die am Boden lagen. Von dort lief sie über den Boden zur Heizung. Dort hat sie sich an der Verkleidung hochgehangelt, die dabei aus der Halterung gerissen wurde. Mit letzter Kraft hielt sie sich während des Falls am Fensterbrett fest (Indiz: Pflanzschalen, die am Boden lagen) und krabbelte von dort auf den Stand.
Nicht schlecht für die kleine Maus, die sonst weder richtig klettern konnte, noch Fenster und T-Stand als erwünschenswerte Sitzplätze ansah. Am Fenster hocken und auf die Straße gaffen ist derzeit ihre Lieblingsbeschäftigung.
Seit zwei Tagen hat sie keine Lampenschirme mehr angefressen – hurrahhh!
Die Federchen sprießen weiterhin, aber ihr Gewicht fluktuiert immer noch sehr stark. Mäste sie weiterhin mit

Aufzuchtbrei und seit gestern mit Pinienkernen, die sie liebt und die Kalorienbomben sind. Ehrlich gesagt glaube ich, dass sie auch die Aufmerksamkeit beim Breifüttern liebt. Sie spielt dann „ich bin ein ganz kleines Küken" und lässt sich so richtig verwöhnen. Gegönnt sei's der kleinen Maus.

So hartnäckig wie Nikita jetzt ist, wenn sie sich was in den Kopf gesetzt hat, würde ich sagen, sie ist eine Kreuzung aus Ara und Terrier. <grins>

06.04.2003

Juuuuuubel!!!!!! Nikita ist soeben zum ersten Mal geflogen! Sie war auf dem Kaffeetisch und wollte zum ungefähr 40 Zentimeter entfernten Sofa.
Nachdem sie irritiert einige Mal an der Kante hin- und herlief, nahm sie sich ein Herz und sprang. Das hat sie noch nie zuvor gemacht!!!
Das konnte ich natürlich nicht auf sich beruhen lassen. Deshalb habe ich den Kaffeetisch ungefähr 50 Zentimeter weit weggezogen und Nikita zu mir gerufen. Ich saß auf der anderen Seite des Kaffeetisches. Und siehe da, mit zweimaligem Flügelschlag hat sie auch diese Riesenstrecke überwunden. Ein kleiner Flug, aber ein Riesenschritt für Nikita!!! Welch ein sagenhafter Triumph für sie!!!
Abgesehen davon, haben sich jetzt auch zwei klitzekleine gelbe Deckfedern auf der Brust durchgeschoben. Jauchz!

Gewicht hat sie auch wieder ein wenig zugelegt. Es scheint allgemein bergauf zu gehen.

19.04.2003

Was für ein Tag! Heute Morgen lag ich nach dem ach so anstrengenden morgendlichen Bad zur Entspannung noch etwas auf dem Bett, als es auf einmal einen Riesenknall gab und die Hauptsicherung rausflog. Da ich meine Pappenheimer kenne, bin ich natürlich sofort ins Vogelzimmer. Jack hatte es geschafft, ganz oben auf dem Draht sitzend, eines der verbarrikadierten Lampenkabel hervorzupulen und die Isolierung an mehreren Stellen komplett durchzukauen – Kurzschluss!

Nur gut, dass er nicht geerdet war!!! Er hat sich sicherlich fürchterlich erschreckt, da er ganz schweigsam auf meinen Ruf sofort zu mir kam. Herkommen tut er immer, aber Schweigen so gut wie nie. Heute Nachmittag habe ich also jeden einzelnen Draht – mit Jacks Hilfe natürlich, die mich fast von der Leiter geschmissen hat – nochmal isoliert und versucht, das Ganze noch besser zu verbarrikadieren. Dies scheint aber Jacks Interesse eher noch gesteigert zu haben. Grmpfpfpf! Was freue ich mich auf das neue Papageienhaus, in dem alles ordentlich vergittert und absolut geiersicher ist!!!

Das absolute Highlight kam allerdings heute Abend … Fanfarentusch … Nikita ist geflogen! Diesmal saß sie auf der Wohnzimmertür und flog von ihr gut 1,20 Meter auf einen hohen Schrank. Die Landung ist zwar noch

verbesserungswürdig, aber ansonsten wie ein alter Profi. Dann lief sie auf dem Schrank etwas herum und erkundete, bis ich ein klein wenig verspätet geschaltet habe (ich war so überrascht, dass es mir nicht nur die Sprache, sondern das ganze Hirn verschlagen hat) und sie richtig doll gefeiert, gelobt und belohnt habe.
Warum wollte sie so unbedingt auf den Schrank, den sie noch gar nicht kennt, dass sie sogar dafür geflogen ist? Nun, ich denke, das hat sie durch Anschauen aufgeschnappt, da ich Jack immer von meinem Arm auf den Schrank und wieder zurück fliegen lasse. Das geht immer mit vielen „High-fives", „Good boys" und ziemlichem Trubel ab, sodass sie vermutlich gelernt hat, dass es was ganz Dolles ist auf den Schrank zu fliegen. Bin ja sooooo stolz auf meine kleine nackte Flugmaus!!! Das ist doch ein tolles Ostergeschenk, oder?

20.04.2003

Ja, Nikita bekommt weiterhin das Haloperidol. Das Ziel ist es, sie solange damit zu behandeln, bis die Federchen eine Chance hatten, sich durchzuschieben. Flaum ist mittlerweile einiger da, aber wir haben beilange noch nicht bei allen Follikeln die Wachstumszyklen durch. Es gibt noch jede Menge, wo noch gar nichts rauskommt beziehungsweise wo gerade ein wenig Feder anfängt sich durchzuschieben. Deckfedern auf der Brust sind bisher nur zwei durchgekommen, am Rücken und an den Beinchen ein paar mehr. Da muss man halt Geduld haben. Aber da sie das Haloperidol so gut verträgt spricht eigentlich auch nichts dagegen. Nebeneffekte

habe ich keine beobachtet. Zumindest keine, die den Erfahrungswerten entsprechen und negativ sind.
Die „Essunlust" halte ich mittlerweile für eine Manipulation ihrerseits, da sie einen ziemlichen Appetit entwickelt, sobald ich sie mit der Hand füttere. Aber ich tue so, als ob ich es nicht bemerkt hätte. Sie liebt es, betuttelt zu werden.

09.06.2003

Papageien und Transferdenken. Derzeit übe ich mit Jack Apportieren. Nach Bällchen hat er jetzt angefangen alle möglichen anderen Objekte heranzuschleppen. Besonders niedlich sind Handtücher, da er immer drauftritt, sie fallen lässt, sie wieder aufnimmt, drauftritt etc., etc. bis er sie endlich in meine Hand legen kann. Gestern Morgen, als ich gemütlich mit einem Buch im Bett lag, kam er zum Beispiel ständig mit einer Klopapierrolle angerückt. Was so süß war (wenn auch ein wenig nervig, denn eigentlich wollte ich ja lesen), dass er natürlich immer auch ein Leckerli dafür bekam. In den formellen Trainingsstunden lernt er gerade Schuhe zu bringen. Ziel ist, dass er erkennt, dass zwei gleiche Dinge zusammengehören. Etwas vorher hatte ich mit ihm in die Transportbox zu gehen geübt. Er inhaliert derzeit, und ich möchte, dass die Transportbox weiterhin mit einem positiven Erlebnis verknüpft bleibt. Deshalb lasse ich ihn mehrfach am Tag einfach so in die Box gehen, in der ein Schälchen mit Leckerlis auf ihn wartet. Das mache ich mit den anderen Geiern auch so. Nun, wir hatten also, wie gesagt, Schuhe apportieren geübt, und die Trainingsstunde war vorbei. „Das war's, Jack." Der kleine Verfressene wollte aber noch mehr Leckerlis. Also schleppte er die Schuhe noch ein paarmal an, wofür ich mich nett bedankte, aber es gab keine Leckerlis mehr. Aha, dachte er, vielleicht gibt es ja in der Box noch was. Die Schale dort war aber auch leer. Und dann konnte ich förmlich sehen, wie sein Köpfchen anfing zu rauchen:

- Schuhe in Hand legen = Leckerli
- Schale in Transportbox = Leckerli
- Jezt Schuhe in Hand legen = gar nichts ... ??????

Aber dann – man konnte förmlich sehen wie bei Jack der Groschen <!!!****!!!***!!!> auf einmal fiel. Er taperte ganz zielstrebig los, holte den Schuh, schleppte ihn in die Box und legte ihn auf das Leckerlischälchen in der Hoffnung, dass dieses sich magisch füllen würde. <lach> Natürlich hat er dafür dann doch einen Jackpot bekommen. Das war einfach zu brilliant, als dass ich dieses Verhalten hätte übersehen wollen. Abends vor dem Fernseher hat er dann übrigens noch fliegend ein Bällchen apportiert, das auf einem anderen Tisch lag. Er ist hingeflogen, hat das Bällchen in den Schnabel genommen, ist zu mir zurückgeflogen und hat es in meine Hand gelegt. Habe ich nicht ein kluges Federkind???

11.06.2003

Gestern Abend als ich nach Hause kam, hörte ich ein eigenartiges Geraschel aus dem Wohnzimmer. Kurze Inspektion. Siehe da, Nikita war aus dem Vogelzimmer ausgebüchst und auf Erkundungsreise gegangen. Irgendwie war sie in den Benjamini hochgekrabbelt und hing mit dem Rücken nach unten in luftiger Höhe an einem zwei bis drei Millimeter dünnen Zweiglein, was nicht eben dafür geeignet war, die Last eines Aras auszuhalten. Dementsprechend bog sich das Ganze, und der Absturz erschien imminent. Kurz nachgedacht, wenn ich versuche, sie da rauszuholen, wird sie sich eventuell in Panik in meine Hand verbeißen, um sich dort rauszuretten. Andererseits, sie könnte sich wehtun. Also beherzt zum Vogel und siehe da, Nikita ließ sich ganz sanft in meine ausgestreckten Hände fallen. Das ist Vertrauen. ☺

13.06.2003

Heute versuchte Jack, mir einen Stiefel ranzuschleppen. Habe mich fast krumm gelacht. Er hat heute übrigens eine neue Variante entwickelt. Wie immer hungrig sah Jack eine Tüte mit Studentenfutter – gut versteckt, dachte ich, haha – am Boden stehen. Er weiß, dass er da nicht einfach dran gehen darf. Was macht der kluge Kerl also? Er schleppt einen Schuh zur Tüte, legt ihn drauf, schubst ihn wieder runter und macht sich, jetzt völlig legitim – zumindest aus seiner Sicht –, über die Tüte her. Ein verrückter Hahn.

16.08.2003

Heute Morgen fing Jack damit an, mir das Betttuch vom Gesicht wegzuziehen. Ich weiß, ich sollte nicht lachen, wenn er dies tut, da es dieses Verhalten nur verstärkt. Aber es ist einfach zu süß. Zum ersten Mal hat er heute auch unter der Bettdecke gekuschelt.

27.09.2003

Nach langer Zeit also hier mal endlich wieder ein Update.
Es gibt eine sehr bekannte Autorin und Verlegerin im Bereich des Clickertrainings. Gerade hat sie das Buch einer Bekannten von mir über Clickertraining bei Papageien herausgebracht. Nun, ich kenne die Autorin seit einiger Zeit und sie bat mich, Bilder von Jack und Nikita bei den verschiedenen Übungen für das Buch zur Verfügung zu stellen. Diesem Wunsch bin ich gerne nachgekommen. Also habe ich mir eine Freundin gekrallt und wir haben einen Samstag lang mit Jack und Nikita alle möglichen Übungen rauf und runter fotografiert und sie zu Karen geschickt.
Das Buch ist vor ein paar Tagen herausgekommen. Fast zeitgleich bekam ich eine E-Mail von der Verlegerin, dass sie meine Bilder leider nicht für das Buch verwenden konnten, da meine Tiere physisch gehandikapt sind. Sie glaube, dass manche Leute dafür kein Verständnis haben würden.
Aus Marketingsicht her hat sie vielleicht recht, aber dennoch bin ich richtig wütend geworden. Mein süßer, intelligenter, wunderschöner Jack und die liebe, tapfere Nikita, die in so kurzer Zeit so irre viel gelernt haben und so enorm liebevoll und witzig sind – nicht gut genug, weil ihm ein Stück Schnabel fehlt, und sie, weil sie gerupft ist? Statt dass man zelebriert, wie sehr sie es geschafft haben, ihre Probleme zu überwinden. <arghghghgh> Ich könnte heulen vor Wut.
Gerade wenn man so bekannt ist, hat man doch eine Verantwortung! Man sollte doch seinen Einfluss nutzen, um den Tieren zu helfen. Man sollte Vorbild sein, dass auch und gerade Tiere mit Schwierigkeiten wunderbare Freunde

sein können. Man sollte den Menschen beibringen, dass man solche Tiere problemlos adoptieren, ihnen ein schönes Zuhause geben und mit ihnen viel Freude haben kann.

03.10.2003

Jack wiegt schon gut seine eineinhalb Kilogramm. Deswegen habe ich auch Bizepse wie Popeye und bin furchtbar stark. ☺ ☺ ☺

Bei Nikita sind die Follikel leider ziemlich kaputtgegangen durch das jahrelange Rupfen. Das wird wohl leider nicht viel besser werden. Aber von der Persönlichkeit her hat sie sich toll gemacht! Wegen Freiflug hast Du glaube ich völlig recht. So etwas muss man sehr jung anfangen, damit die Tiere eine „innere Landkarte“ ausbilden können und lernen, sich zu orientieren. Sonst fliegen sie im Schreck los und finden einfach nicht zurück. Außerdem ist mir Deutschland einfach zu dicht besiedelt mit viel zu vielen schießwütigen Jägern. Das Risiko mag ich nicht eingehen.

Jack geht aber recht gerne spazieren. Dabei ist er immer gut durch einen Harness gesichert, falls er sich erschrickt – oder aber eine Fressattacke bekommt. Normalerweise ist er ja Fremden gegenüber eher etwas zurückhaltend. Aber letztens, gerade nachdem ich einem Passanten erklärt hatte, das Jack nicht so gern zu Fremden geht, erspähte dieser dessen Cheeseburger. So schnell konnte man gar nicht gucken, wie Jack zu ihm hopste und ihm den Käse stahl. Glücklicherweise trug er es mit Fassung und hat sich schlapp gelacht. <augenroll>

23.11.2003

Traurige Nachricht: Am 22. November verstarb Nikita ganz plötzlich und völlig überraschend. Am Freitagmorgen war sie noch völlig normal. Abends hatte sie Hungerkot mit kaum Festanteil in der Flüssigkeit. Dies war für Nikita nichts außergewöhnliches, da sie oft nicht selbstständig aß. Ich habe sie ausgiebig mit der Hand gefüttert und noch mit ihr etwas gekuschelt.
Am Samstag früh fiel sie plötzlich von ihrem Schlafplatz. Auch dies kam bei ihr öfters vor, da sie recht schlecht ausgebildete Koordination und Gleichgewichtssinn hatte. Ich bin natürlich sofort zu ihr hin. Sie lief auf dem Boden mit schlagenden Flügeln etwas torkelig herum.
Zuerst dachte ich, dass sie etwas desorientiert sei, da noch sehr verschlafen.
Nachdem sich das Torkeln aber nicht besserte, fuhr ich sie kurz darauf zum Tierarzt. Auffällig war, dass sich ihr Kropf nicht über Nacht geleert hatte. Bei der Tierärztin angekommen wurde sie sofort geröntgt, Blutproben wurden genommen und Abstriche gemacht. Leber und Nierenwerte waren sehr schlecht und es wurde zunächst vermutet, dass sie eventuell einen bakteriellen Infekt haben könnte.
Sie bekam Antibiotika. Auf Anweisung der Tierärztin habe ich Nikita noch einmal mit Brei gefüttert und zur Beobachtung dagelassen. Sie musste auch noch einmal inhalieren. Am nächsten Tag sollte ich mich wieder melden.
Keine zwei Stunden später bekam ich jedoch den Anruf aus der Tierarztpraxis, dass Nikita es nicht geschafft habe. Sie sei an multiplem Organversagen kurz nach dem Inhalieren

gestorben. Dabei war mir in der Praxis noch nicht einmal gesagt worden, dass sie auf der Kippe stand. Es tut mir unendlich leid, dass ich das nicht wusste. Wie gerne wäre ich bei ihr geblieben und hätte sie im Arm gehalten, während sie starb. Aber dies war uns beiden nicht vergönnt.

5. Nachwort

Da ihr Tod so furchtbar überraschend war und auch aus Sicherheit für meine anderen Tiere wurde Nikita zur Obduktion an eine renommierte vogelkundige Tierärztin geschickt. Diese Dame ist eine Koryphäe auf dem Gebiet der Obduktionen bei Psittaciden, wurde mir gesagt. Nach fast zwei Wochen des ängstlichen Wartens bekamen wir die Ergebnisse. Nikita hatte Schwund von Lungengewebe. Dies ist eine äußerst seltene Krankheit, die nicht zu diagnostizieren oder zu behandeln ist.

Die Expertin teilte uns mit, sie habe diese Erkrankung erst einmal vorher bei einer Amazone gesehen. Sie geht davon aus, dass Nikita diese Krankheit schon hatte, bevor sie zu mir kam. Abgesehen davon war alles mit ihr in Ordnung. Diese Krankheit ist nicht ansteckend, sodass ich keine Angst um meine anderen Tiere haben musste. Das multiple Organversagen kam durch die Unterversorgung der Organe mit Sauerstoff, die wiederum durch den Schwund des Lungengewebes entstand.

Ich stelle mir gerne vor, dass Nikita wieder bei ihrer ersten Besitzerin ist, die sie sehr liebte und die an Krebs starb. In unserem Leben und in unseren Herzen bleibt ein Nikitagroßes Loch zurück. Wir vermissen sie sehr und es tut unsäglich weh, sie nicht mehr bei uns zu haben. Selbst jetzt, viele Jahre später, laufen mir dicke Tränen übers Gesicht, während ich dies schreibe. Alle Papageien, die ich nach Nikita noch kennen- und liebenlernen durfte, konnten mir meine wundervolle Nikita nie ersetzen. Wenn ein geliebtes Tier stirbt, ist es immer schlimm. Aber Nikita war etwas ganz Besonderes und wird es in meinem Herzen auch immer bleiben.

Liebe Grüße,

Ann.
am 14. Oktober, 2011

6. Wer ist die AdlA Papageienhilfe?

Die AdlA Papageienhilfe gGmbH wurde kurz nach Nikitas Tod, im Dezember 2003, als gemeinnützige GmbH gegründet, um Papageienvögeln und deren Haltern zu helfen.
Unser Ziel ist es, das Leben von Papageien in der Gefangenschaft zu verbessern. Dies geschieht durch Aufklärungsarbeit über Haltung, Gesundheit und Verhalten von Papageien vor und nach der Anschaffung durch den Halter.
Dadurch soll erreicht werden, dass möglichst viele Papageien ein langes und gesundes artgerechtes Leben führen können und ihr ursprüngliches Zuhause behalten, anstatt zu Abgabevögeln zu werden. Unsere Beratung umfasst:

- Kaufberatung hinsichtlich der verschiedenen Arten, Aufzucht- bzw. Beschaffungsformen im Rahmen des Tierschutzgedankens und Anforderungen an den Halter. Wo möglich und sinnvoll, vermitteln wir auch Abgabetiere.
- die Optimierung der Haltungsparameter wie z.B. Käfiggröße, Partnertier, Ernährung, Licht, Luftfeuchtigkeit.
- Beratung bezüglich der Gesundheitsvorsorge von Papageien: insbesondere Ankaufsuntersuchung, Quarantäne und jährliche Untersuchungen.
- Beratung in Notfällen zur stabilisierenden Erstversorgung bis zum Tierarztbesuch.

- Verhaltenstherapie und -training.

Auch wenn es unser primäres Ziel ist, die Besitzer zu unterstützen, damit die Tiere in ihrem angestammten Zuhause bleiben können, ist dies nicht immer möglich. In den Fällen, in denen der Halter seine Tiere nicht mehr behalten kann oder möchte, helfen wir bei der Vermittlung der Tiere in ein neues artgerechtes Zuhause. In Einzelfällen, wenn ein Tier aufgrund von physischen oder psychischen Problemen nicht vermittelbar ist, nehmen wir auch Tiere in unseren Schwarm auf.

Unsere Arbeit wird durch Spenden finanziert:

Spendenkonto:	TaunusSparkasse Hoechst
Kontonummer:	320 382
Bankleitzahl:	512 500 00

7. Die Haltung von Papageien

Über die richtige Haltung von Papageien wurde 1995 von einer Expertenkommission ein Gutachten verfasst. Dieses „Gutachten, über die Mindestanforderungen an die Haltung von Papageien“ wird von Regierungsbeauftragten, wie zum Beispiel Amtstierärzten oder der Unteren Naturschutzbehörde herangezogen, um zu beurteilen, ob Papageien und Sittiche tierschutzgemäß gehalten werden.
Es ist zwar unwahrscheinlich, dass bei einer Privatperson die Papageienhaltung kontrolliert wird. Dennoch ist dieses Gutachten gerade für den Privathalter, der seine Tiere liebt und ihnen deshalb, und nicht aus Angst vor Kontrollen ein gutes Zuhause bieten möchte, ein guter Anhaltspunkt für die tierschutzgemäße Haltung. Das Gutachten kann vollständig auf der Webseite des Bundesministeriums für Verbraucherschutz, Landwirtschaft und Ernährung (www.bml.de) nachgelesen beziehungsweise heruntergeladen und ausgedruckt werden. Der Einfachheit halber und weil es mir so sehr am Herzen liegt gebe ich Euch hier eine Kurzübersicht über dieses Gutachten: Generell gilt, dass Papageien als Schwarmtiere, die zudem meistens lebenslänglich mit dem gleichen Partner verpaart sind, mindestens paarweise in Käfigen mit den nachfolgend aufgelisteten Mindestmaßen gehalten werden

müssen. Da es sich bei den angegebenen Käfigmaßen um Mindesthaltungsanforderungen handelt, kann es von Bundesland zu Bundesland Abweichungen nach oben bezüglich der Größe geben. Auskunft gibt das für Euch zuständige Regierungspräsidium oder Euer Amtstierarzt. Bedenkt bitte stets, dass Papageien fliegen können müssen, um körperlich und geistig gesund zu bleiben. Ihr ganzer Organismus ist darauf ausgerichtet.

Mindestanforderungen an die Haltung von Papageien

Gesamtlänge der Vögel	Käfig- bzw. Volierenmaße (Breite x Tiefe x Höhe)
Sittiche	
< 25cm	1,0m x 0,5m x 0,5m
25cm – 40cm	2,0m x 1,0m x 1,0m
> 40cm	3,0m x 1,0m x 2,0m
Kurzschwänzige Papageien	
< 25cm	1,0m x 0,5m x 0,5m
25cm – 40cm	2,0m x 1,0m x 1,0m
> 40cm	3,0m x 1,0m x 2,0m
Aras	
< 40cm	2,0m x 1,0m x 1,5m
40cm – 60cm	3,0m x 1,0m x 2,0m
> 60cm	4,0m x 2,0m x 2,0m
Loris und andere Fruchtfresser	
< 20cm	1,0m x 0,5m x 0,5m
> 20cm	2,0m x 1,0m x 1,0m

8. Die Autorin

Ann M. Castro ist seit ihrer Kindheit von Vögeln und anderen Tieren umgeben. Aufgewachsen in einer Medizinerfamilie – die Mutter züchtete nebenbei Wellensittiche –, hat sie sich schon früh mit verhaltenspsychologischen und tiermedizinischen Themen auseinandergesetzt.
Seit Jahren engagiert sich die Autorin in ihrer Freizeit verstärkt für Papageien. Ihr Spezialgebiet ist die Arbeit mit physisch und psychisch kranken Papageien. 2003 hat Ann M. Castro die gemeinnützige AdlA Papageienhilfe gGmbH gegründet. AdlA steht für „Amigos de las Aves“ und bedeutet Vogelfreunde. Ziel der Papageienhilfe ist es, das Leben von Papageien in der Gefangenschaft zu verbessern, insbesondere durch Aufklärungsarbeit in Bezug auf Haltung, Gesundheit und Verhalten. Ann M. Castro wird selbst von Tierärzten und Zoohändlern zu Rate gezogen und war bereits in zahlreichen Fernsehsendungen als Papageienexpertin zu Gast. Die studierte Ingenieurin der Verfahrenstechnik (B.A.Sc.) hält einen Master of Business Administration (M.B.A.) und arbeitet in der Finanzdienstleistungsbranche.

Weitere Publikationen von Ann Castro

Clickertraining für Papageien, Sittiche und andere Vögel
Das Clickertrainingbuch für Einsteiger erklärt, wie Clickertraining funktioniert. Es führt Dich Schritt für Schritt durch alle Anfängerübungen und zeigt Dir, wie Du Deinen Vögeln nützliche und unterhaltsame Verhaltensweisen beibringen kannst. Das Training wird Dir und Deinen Vögeln garantiert Spaß machen und Eure Beziehung festigen.
Broschiert: 152 Seiten, ISBN-13: 978-3939770015

Mehr Clickertraining für Papageien, Sittiche und andere Vögel
Das Clickertrainingbuch für erfahrene Trainer. Es führt Dich an fortgeschrittene Übungen heran, wie zum Beispiel Namen lernen, Auf Deinen Platz, Bleib, In den Käfig, Füßchen geben, Apportieren, Such-Verloren, u.v.a.m. Es enthält außerdem diverse Medical-Training-Übungen, wie zum Beispiel In die Transportbox gehen, Krallen schleifen, Aus der Spritze trinken, Fuß untersuchen und behandeln, Drei-Finger-Griff, Flügel untersuchen.
Broschiert: 196 Seiten, ISBN-13: 978-3939770060

Erste Hilfe für Papageien, Sittiche und andere Vögel
Das Erste-Hilfe-Buch für Vogelhalter bereitet Dich auf den Notfall vor. Im Detail beschreibt es die Erstellung einer homöopathischen und einer schulmedizinischen Notfallapotheke, Vorbereitung eines Behandlungsraumes und Erste-Hilfe-Maßnahmen. Das Buch beinhaltet Detailinformationen zu etlichen Verletzungen und Erkrankungen und deren Erstbehandlung.
Broschiert: 232 Seiten, ISBN-13: 978-3939770022

Gesundheitspass für Papageien, Sittiche und andere Vögel

Der Gesundheitspass erlaubt Dir, alle wichtigen gesundheitlichen Informationen zu Deinen Vögeln auf einen Griff zur Hand zu haben. Es werden alle erforderlichen Untersuchungen detailliert aufgeführt sowie Erkrankungen und Unfälle. Abgerundet wird der Gesundheitspass mit einer fünfjährigen wöchentlichen Gewichtstabelle.

ISBN-13: 978-3939770046

Erscheint demnächst

Die Papageienflüsterin. Mehr Geschichten aus der Vogelschule

Das Papageienparadies. Neue Geschichten aus der Vogelschule

Unter dem Namen Anna G. Shiney

Clicker Training the Law of Attraction.
How to treat the Universe like a dog.

Applying the principles of clicker training to make the law of attraction work for you. www.annashiney.com

ISBN-13: 978-3939770275

Demnächst auch in Deutsch.

Meine Publikationen gibt es größtenteils auch als kostengünstige ebook-Ausgaben (mobi, epub und PDF).

Aus unserem ann's-world-Shop für Dich und Deine Vögel:

Bio-Futter

100% bio und Lebensmittelqualität für alle Papageien, vom Wellensittich bis zum Ara. In unserem Sortiment findet Ihr Einzelsaaten und Futtermischungen für die verschiedensten Papageienarten und deren spezielle Bedürfnisse. Zusätzlich gibt es Kochfutter und andere Leckereien.

Bio-Kräuterstübchen

Die Natur bietet Vieles, um die Gesundheit unserer Papageien zu erhalten und zu stärken. In unserem Biokräuterstübchen bieten wir getrocknete Kräuter, Blüten und Tees, die durch ihre Inhaltsstoffe die Ernährung ergänzen und die Körper- und Organfunktionen unterstützen.

Bastelladen

Viele von uns möchten für unsere Lieblinge selber basteln. Leider ist es oft schwierig, interessante, aber dennoch vogelgerechte und -sichere Teile zu bekommen. Unser Bastelladen bietet ein umfangreiches Sortiment an Artikeln aus den verschiedensten Materialien.

Spielzeug

Die Papageienhalter, die keine Zeit, Lust oder kein Geschick zum Selberbasteln haben, finden bei uns eine Vielzahl der unterschiedlichsten Spielzeuge für unsere gefiederten Freunde. Dabei berücksichtigen wir die Größe und Spielvorlieben unserer Papageien, wie zum Beispiel Zerstörer, Bastler, Krachmacher.

Gesundheitsecke

Unsere Gesundheitsecke bietet verschiedenste Produkte zur Gesundheitvorsorge, aber auch zur Behandlung im Krankheitsfall unserer gefiederten Mitbewohner, wie zum Beispiel Vogelwaage, Inhalationsgeräte, Vitamine, Erste-Hilfe-Buch, Gesundheitspass und Erste-Hilfe-Zubehör.

Papageienheime und -zubehör

Papageien brauchen ein schönes und sicheres Zuhause zum Glücklichsein. Wir bieten in unserem Shop ausschließlich Edelstahlkäfige an, um lebensgefährliche Zinkvergiftungen auszuschließen. Dazu gibt es jede Menge Zubehör wie die verschiedensten Papageiensitze, Futterbehälter, UV-Lampen usw.

www.annsworld.de